VIEIL ORTHEZ

II

# LA

# MAISON DES PRÊTRES PRÉBENDIERS

## DE L'ÉGLISE SAINT-PIERRE

PAR

Louis BATCAVE

PAU
G. LESCHER-MOUTOUÉ, IMPRIMEUR
11, RUE DE LA PRÉFECTURE

1912

VIEIL ORTHEZ

—×—

# LA MAISON DES PRÊTRES PRÉBENDIERS

## DE L'ÉGLISE SAINT-PIERRE

VIEIL ORTHEZ

II

# LA

# MAISON DES PRÊTRES PRÉBENDIERS

## DE L'ÉGLISE SAINT-PIERRE

PAR

Louis BATCAVE

PAU

G. LESCHER-MOUTOUÉ, IMPRIMEUR

11, RUE DE LA PRÉFECTURE

1912

VIEIL ORTHEZ

# La Maison des Prêtres Prébendiers

## DE L'ÉGLISE St-PIERRE

> Est-il rien de plus sacré, de plus respectable aux yeux de la religion que la maison d'un citoyen ?
>
> CICÉRON, *Pro Domo,* XLI.

Que l'on ne prenne point la peine de trop s'étonner de voir traiter aujourd'hui d'un *oustau* Orthézien, modeste à la vérité, celui des prêtres prébendés de l'église Saint-Pierre. A qui laissera passer un premier mouvement de surprise pour poursuivre la lecture, apparaîtront bien vite les motifs pour lesquels je le puis mieux connaître : moi aussi, j'écris *pro domo.* Ce fut là, en effet, que plusieurs de mes ascendants ont réuni ceux qui, suivant une belle expression du For de Morlàas, c'est dire aussi le For d'Orthez, étaient à « leur pain » (1) ; là qu'ils ont tenu « le timon de la ménagerie » ; la « direction et économie de leurs affaires », géré « l'économie de leur ménage » suivant des expressions fort en usage encore au XVIIIe siècle (2) et qui nous relient à la *Mesnagerie* de Xénophon, traduite avec charme par La Boétie, où l'on lit « que le faict d'un bon mesnager, c'est de bien gouverner sa maison ». Et, en notre pays, heureusement, la maison de famille a encore un sens. « Toute demeure, écrit le marquis de Ségur (3), où les siècles ont passé revêt un charme de tristesse. Fragiles et périssables devant l'éternel rajeunissement de la nature, les édifices élevés par la main de nos pères représentent, au regard de nos brèves existences, la durée, la résistance au temps. Les générations disparues y ont laissé leur trace ; ces toits ont abrité les espoirs

(1) MAZURE et HATOULET : *Fors du Béarn, législation inédite du XIe au XIIIe siècle.* Pau, Vignancour, s. d. [1842], in-4o, p. 202.

(2) *Arch. dép. des B.-P.,* E 1703 ; *Arch. mun. d'Orthez,* BB 14, fo 120. — Voir plus loin le procès-verbal d'enquête du conseiller de Candau-Péborde.

(3) *La dernière des Condé.* Paris, Calmann-Lévy, s. d., in-8o. Introduction, page I.

et les regrets, les douleurs et les joies de ceux qui nous ont précédés dans la vie ; et notre imagination interroge en vain les murs impassibles, muets témoins des scènes oubliées, de tant de drames ignorés, de tant de passions éteintes ».

C'est, de plus, que la maison Béarnaise avait son existence propre, réelle, une vraie personnalité enfin. Elle était au sens étymologique, le *manoir* de la famille et, par une singulière déformation des mots, le nom qu'elle portait dans notre vieille langue, la *lar*, maison de famille, que l'on trouve chez les Romains avec ce sens (1), fut, chez nous appliqué au foyer (*lar, larè*); elle était réservée à l'aîné, continuateur de la famille, aussi nos vieilles coutumes proclamaient-elles comme un postulat, l'interdiction de l'aliéner : *alienation universala de laa, no sera valable en deguna sorta sentz necessitat coneguda* (2). Et l'aliénation, au cas de nécessité comportait comme conséquence, privation du droit de sépulture dans la « case des pères » au cimetière ou à l'église, lequel était transmis à l'acquéreur, comme accessoire de l'immeuble, dans le droit ancien.

La maison conférait à son possesseur, homme ou femme (3), le droit de bourgeoisie héréditaire de mâle en mâle, en principe, ou le droit de noblesse résidant sur son possesseur pendant la durée de la possession : à ce possesseur elle donnait entrée aux Etats, si elle était noble, ou accès à l'assemblée communale, si elle était bourgeoise et l'on ne s'étonnera guère dès lors de voir la femme héritière non mariée ou veuve, qui la détenait, siéger à cette assemblée. Elle devait la garde réelle ; elle répondait des amendes encourues ; elle donnait parfois son nom à son habitant, usage subsistant encore dans nos campagnes. Bref, elle apparaît comme une entité et ce rôle social de la maison serait intéressant à étudier ; ce n'est point le propre objet de cette étude, aussi nous contentons-nous de le marquer en ces quelques mots pour démontrer combien souvent, à ce titre,

---

(1) Horace, *Satires,* II, 6, 66 ; Ovide, *Fastes,* II, 631-3 ; Pétrone, *Satires,* c. 60.

(2) *Nouveau For.* Rubrique *De Contrats et Tornius*, art. 6.

(3) Entre autres exemples, citons la réception de Marguerite de Loustau, comme bourgeoise de Gelos. *Arch. des B.-P.*, E 1021.

sans compter l'intérêt qui s'attache à des familles ayant joué un rôle dans l'histoire locale, devrait être entreprise l'histoire des vieux *oustaus* et de leurs possesseurs. C'est un livre ouvert à la curiosité qu'il convient seulement de savoir feuilleter.

# I

## Description archéologique.

Avant d'entreprendre la description de la maison sise au n° 21 de la rue Bourg-Vieux, entre cour et jardin, il est utile de rappeler quelques principes posés dans de précédentes études (1).

L'enceinte de l'Orthez primitif, le Bourg-Vieux, comportait une fortification dont la garde et l'entretien avaient été confiés aux habitants. Ce leur était une charge, à la vérité, mais qui était la contre-partie de privilèges obtenus, et aussi un honneur.

La fortification primitive se composa d'abord du *palenc*, sorte de claie constituée par des pieux entrelacés et recouverts de terre formant la *paxere et bariere* (*paxer ab pau*), indiquée dans le For de Morlàas (2), mode de défense bien simple qui, avec les progrès de l'art militaire, se trouva, par la suite, réservé aux petits postes fortifiés de villages. On lui avait substitué, en effet, le mur épais en pierre carrée, parementée, dont, à la Poustelle principalement et du côté de la rue des Bains, des fragments sont apparents, modestement utilisés aujourd'hui comme contreforts et clôtures des jardins en terrasse.

Etant donné que la fortification primitive était constituée par un assemblage de pieux, de bois, de fascines, toutes matières propices à l'incendie, on entourait la ville de larges fossés qui offraient le double avantage de tenir l'ennemi

(1) *Interprétation de la Rubrique du For de Morlàas sur la clôture des maisons au point de vue de la fortification.* Pau, imp. Garet, 1905, in-8°. — *Vieil Orthez*, I. *La Tour de l'Horloge.* Pau, impr. Lescher-Moutoué, 1910, in-8°.

(2) Article 290.

à distance et de permettre à l'arbalète des assiégés de décrire sa trajectoire pour atteindre utilement son but. Inversement, en retrait de la fortification, à l'intérieur, un espace moins grand, un large chemin de ronde était réservé entre l'habitation et le mur d'enceinte afin de permettre aux défenseurs, aux assiégés de se presser, de réunir les munitions et, au xve siècle, lorsque l'usage du canon se généralisa, de pouvoir se mouvoir aisément avec d'encombrants engins. En 1536, cet espace, à Orthez, était de onze pams, soit 13 mètres. Nous ne connaissons pas de document antérieur, étant donné la pénurie de nos archives ; mais celui-ci constate probablement un état de choses ancien.

Avec les tours, les échauguettes, les guérites dont étaient munis les remparts, s'élevèrent, à l'intérieur de l'enceinte, des maisons fortifiées destinées à contribuer au système de défense. Ces maisons pouvaient revêtir un appareil menaçant pour un autre motif signalé par Guizot dans la France du moyen-âge : « l'ennemi était souvent au-dedans des murs, dans la rue voisine, dans la maison mitoyenne ; la guerre pouvait éclater, en effet, de quartier à quartier, de porte à porte, et les fortifications pénétraient partout comme la guerre. Chaque rue avait ses barrières, chaque maison sa tour, ses meurtrières, sa plate-forme » (1). Nos fors, à la vérité, prévoient l'attaque, le siège, l'assaut des maisons, qu'ils punissent de fortes amendes (2), preuve évidente que les bâtisseurs devaient mettre les monuments à l'abri de l'attaque. Mais il s'agit surtout, je crois, des incursions sur les maisons isolées, en campagne, car, dans le passé orthézien, rien ne révèle de pareilles hostilités privées. La ville jouissait d'une constitution libérale, appliquée à tous ses habitants, parmi lesquels on ne comptait pas de famille puissante ; aussi est-il difficile de percevoir quels motifs d'intérêt auraient pu engendrer des querelles de quartier à quartier, de famille à famille.

Le souci de l'orientation avait guidé les premiers habitants

---

(1) *Histoire de la Civilisation en France.* Paris, Didier, 1879, in-18, 4e éd., t. III, p. 124.

(2) For de Morlàas, art. 23 à 30 et note 1 de la page 118.

dans la construction de leurs demeures. La maison faisait face également au soleil levant et au soleil couchant. Point donc ici de cet air aigre du Nord ou de ce soleil torride du Midi. On n'ignore pas que pour le bâtisseur ancien « l'orientation est étudiée avec le plus grand soin. Jamais les rues n'offrent ces directions vers les points cardinaux qui laissent une moitié de la maison privée de soleil et soumettent les habitants aux alternatives de la chaleur et du froid. » (1) Une enquête officielle de 1578 nous renseigne à ce sujet : « Il y a aussi à Orthez plus de maisons et celles qui y sont, plus plaisantes et plus saines qu'à Lescar, en ce qu'il n'y a presque que deux rangées de maisons depuis le Pont jusques au château, la rue étant au milieu assez large et à chaque derrière de maison il y a un jardin qui s'étend jusqu'à la muraille de la ville de sorte que ces maisons sont en été aisément éventées ayant air libre devant et derrière. » (2) Elles étaient exposées au vent d'Ouest et ce qui, pour nous, est cause de désagrément, paraissait autrefois cause de salubrité, car on lit dans la même enquête : « *l'ayre aperat aquilonien, autemen lo vent de mar, qui souffle en lad. ville lo pluus souvent qui es cause que lad. ville es nete.* » (3)

Ces renseignements topographiques posés, examinons en détail la vieille demeure qui était un accessoire de la défense de la cité.

« Les maisons du moyen-âge étaient faites, dit exactement Viollet-le-Duc (4), pour les habitudes de ceux qui les élevaient ; de plus, elles sont toujours sagement et simplement construites. Chaque besoin est indiqué par une disposition particulière. La porte n'est pas faite pour plaire aux regards du passant ,mais pour celui qui entre dans la maison. La fenêtre n'est pas disposée avec un art symétrique, mais elle

(1) Aug. Choisy. *Histoire de l'architecture privée.* Paris, Gauthier-Villars, 1899, in-8° t. II, p. 556.

(2) Adr. Planté. *L'Université protestante du Béarn.* Pau, Ribaut, 1886, in-8° p. 50 (documents extraits du registre AA 1, ou Martinet, des Archives municipales d'Orthez).

(3) *Loc. cit.*, p. 33; cf. p. 49.

(4) *Dictionnaire raisonné de l'architecture française du XI<sup>e</sup> au XVI<sup>e</sup> siècle,* Paris, Bence, 1863, in-8°, t. VI, p. 232, v° *Maison.*

*Fig. 1.* — ESSAI DE RECONSTITUTION DE LA MAISON.

*Fig. 2.* — La maison dans son état actuel.

éclaire les pièces qu'elles est destinée à éclairer, et elle prend la dimension qui convient à cette pièce. L'escalier n'est point caché, mais apparent. La façade est abritée si cela est nécessaire. La sculpture est rare, mais les planchers sont bons et solides, les murs d'une épaisseurs suffisante. Dans les provinces méridionales les fenêtres sont petites ; dans celles du Nord elles sont nombreuses et larges. D'ailleurs, pour la maison du bourgeois, le programme diffère peu. Toujours la salle à chaque étage avec escalier intérieur, ou plus souvent sur le derrière, avec petite cour. Cela n'est pas confortable pour nous, c'est accordé ; mais cette disposition convenait aux habitudes du temps où, même dans le château, la *famille*, c'est-à-dire les maîtres et les serviteurs se réunissaient dans la même pièce, autour du maître. Le programme étant donné, les architectes y ont satisfait pleinement, ce qui nous permet de supposer qu'ils eussent satisfait également à tout autre programme, voire à ceux d'aujourd'hui. »

A droite, à gauche et sur la cour, des appentis, surélevés et réunis par la suite, forment avant-corps. Celui de droite s'adosse contre la tour d'escalier en vis dont il dissimule la partie inférieure (Fig. 1); celui de gauche contient, à l'intérieur, sous une épaisse porte de communication de $1^{m}$ 05 les restes d'une construction voûtée en berceau qui a pu être l'entrée d'un cellier.

Ces avancements franchis par le couloir qu'ils formaient qui, au XVII$^{e}$ siècle était, nous le verrons, un salon et est revenu à son affectation primitive, nous voici au pied du manoir.

Les murs ont une épaisseur de $0^{m}$ 70 et sont formés de larges blocs quadrangulaires, plus larges que hauts, d'une taille peu régulière. La pierre est probablement venue de Castetarbe, car Orthez se fournissait dans cette partie de sa banlieue et y adjoignait la pierre plate de la Trinité, à dire plus exactement de la Peyrère, propriété des religieux Trinitaires ; elle était *abiade et parade de punte de marteg* (1).

(1) P. Raymond, dans les *Artistes en Béarn*, Pau, Ribaut, 1874, p. 54, cite un texte du 29 janvier 1442 concernant le moulin neuf d'Orthez, à l'extrémité de la promenade de la Moutete, peu éloigné de la maison du Bourg-Vieux.

On accède à l'intérieur par une porte à cintre surbaissé, formée de deux jambages en pierre carrée régulière, supportant une double arcature (Fig. 3).

*Fig. 3.* — La porte vue de l'intérieur.

Les vantaux en bois sont munis de clous à tête de fer, imitation des *medias naranjas* d'Espagne, avec serrures (*bartabères*) en forme de fleur de lys. De l'intérieur une barre rectangulaire en bois clôt la porte : un anneau pour la tirer, une entaille carrée pratiquée dans l'ébrasement du mur permettent de l'amener et de la ramener dans les cavités où elle forme clôture et où elle est au repos. La porte pouvait être ainsi solidement et rapidement fermée (1).

(1) Viollet-le-Duc. *Op. cit.* T. II, p. 122, v° *Barre*.

Voici la salle basse ou salle du rez-de-chaussée, un peu obscure, car elle était éclairée seulement par deux meurtrières au Nord (Fig. 4 et 5), sur le milieu de la pièce et une au Sud en angle vers l'Ouest, ayant 1m25 et 1m60 de hauteur sur 0m25 et 0m18 de largeur. Cette salle mesure à l'intérieur

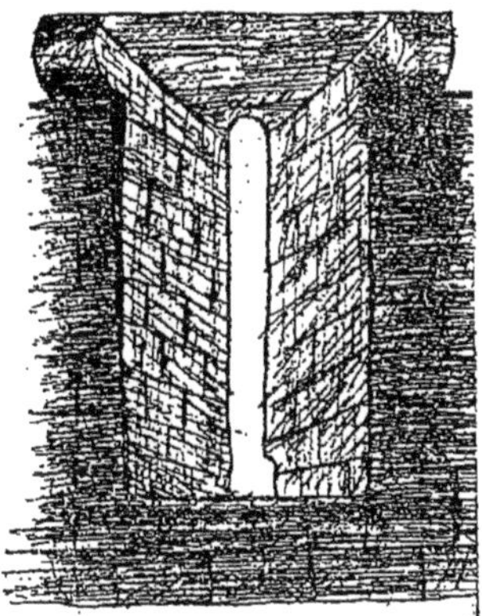

*Fig. 4.* — UNE MEURTRIÈRE.

14m80 de longueur sur 7m de largeur et 4m10 de hauteur. Etant donné l'épaisseur des murs indiqués ci-dessus (0m70), on obtient aisément les dimensions hors œuvre qui ne peuvent être prises du dehors à raison des constructions et appentis ajoutés de toutes parts.

Point de cellier souterrain à nous connu. Peut-être, et probablement ,y en eût-il un comme celui qui fut découverts, en 1894, dans le jardin de la maison voisine appartenant à M. Cuyeu où l'on mit à jour les pans de mur et les naissances de voûte en indiquant les traces : comme on en voit à Sauveterre et à Bayonne pour ne parler que de notre région.

Dans les constructions de cette nature, le rez-de-chaussée était réservé aux dépendances de l'habitation qui occupait l'étage supérieur ; il était affecté aux décharges. En un temps de lutte avec l'Anglais, en une ville où la présence du vicomte pouvait inciter à un coup de main, il n'était pas prudent de se tenir à proximité d'une surprise. Le reste de cette description renseignera sur les précautions qu'on prenait alors.

Nul escalier en effet, pour accéder à la salle du premier étage qui devait demeurer indépendant. Flanquant la maison, à droite, lorsqu'on entre, voici la tour ronde, aujourd'hui empatée dans les constructions qui l'enserrent. On y pénètre par une porte surmontée de l'accolade légère, mais un peu maigre du xv$^{e}$ siècle (fig. 6). Le mur a 0$^{m}$60 d'épaisseur.

*Fig. 5.* — Petite porte surmontée d'une meurtrière.

L'escalier en pierre ou vis (le mot *vis* est fréquemment employé dans les textes béarnais), monte jusqu'au premier étage. Les marches en pierre évoluent autour d'une colonne en pierre. Au départ voici l'encoignure, la retraite, un peu dégradée où l'on déposait le vase contenant l'eau bénite pour se signer en entrant et le *crusoü* ou lampe qui formait veilleuse.

Au premier étage l'escalier menait à une porte de pont-levis. Alors que depuis la fin du xviii$^{e}$ siècle seulement on pénètre dans la salle par une porte avec montée de quelques

*Fig. 6.* — PORTE DE LA TOUR.

marches, il fallait autrefois franchir une porte convertie aujourd'hui en fenêtre pour éclairer l'escalier, s'engager sur une passerelle de 3 m. 25 de long en mode de pont-levis jusqu'à l'ouverture de la salle qui, porte autrefois, est fenêtre maintenant. L'intérêt de cette disposition se manifeste. Les habitants pouvaient se mettre à l'abri, en relevant le pont-levis, et se défendre contre les assaillants.

Examinons la salle. Elle est en un tenant, ayant par conséquent les mêmes proportions que celle du rez-de-chaussée. Elle était le centre de la vie familiale, le lieu où l'on se tenait. Des dispositions mobiles (*partimens*) permettaient de la subdiviser aux diverses fins de l'usage quotidien.

Regardons tout d'abord la vaste et haute cheminée en belle

pierre de taille dans le foyer (*chemineye ab mantegs de peyre tailhade*, disait-on autrefois), en pierre morte (*de grigt*), qu'on trouvait notamment à Montalibet, au manteau, afin qu'on pût la moulurer (Fig. 7).

Les pieds-droit sont légers, cannelés. Elle mesurait 2$^m$ 20

*Fig. 7.* — CHEMINÉE DE LA SALLE.

de haut jusqu'au manteau, 2$^m$ 80 de large à l'intérieur ; sa profondeur actuelle est de 0$^m$ 50, ces dimensions ont été successivement rétrécies par des cadres en bois. A l'origine elle permettait aux solides gars orthéziens de renouveler l'exploit que Froissart conte de cet Ernauton du Puy qui, au Château Noble, sur la hauteur, s'amusa à monter sur ses épaules — simple jeu ! — un âne et sa cargaison de bois qu'il déversa, étroitement unis, dans le foyer d'une cheminée du donjon.

Saluons ce foyer à la vaste pierre (*peyre dou larè*) où, autour d'un grand âtre, à la lumière de la chandelle du Marensin, pétillante et sautillante dans le petit cylindre de fer fixé au mur ou *barbole*, assis sur les arques menuisées, sur les archibancs, devisent nos vieux Orthéziens. Ce n'est pas en vain que les mots, témoins expressifs des âmes, firent du *larè* la pierre angulaire de la famille, désignant de même sorte les restes de ceux qui ont passé dans les vieilles demeures et la cendre du foyer toujours vivant (1).

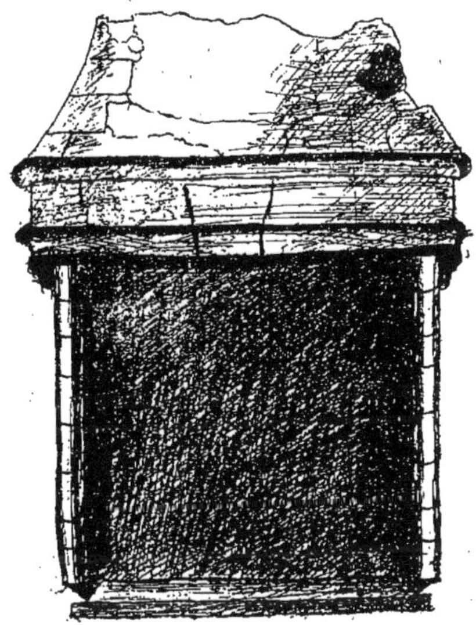

*Fig. 8.* — ANCIENNE CHEMINÉE DU REZ-DE-CHAUSSÉE DÉPOSÉE AU GRENIER.

Dans la cheminée, appendu contre la plaque du foyer (*truhe*), repose un modeste ustensile qui, autrefois, n'était ni sans grâce ni sans beauté. Notre ancien droit lui conférait un rôle primordial si, aujourd'hui, dans les maisons neuves il ne représente que prétexte à réjouissance : c'était pendre la crémaillère. La remise du *crimail* marquait autrefois la prise de possession réelle, effective, de fait, d'une demeure.

(1) Allumer le feu était, à Orthez, une des manifestations du droit de bourgeoisie ; aussi lit-on dans une délibération du 7 août 1657 : « défenses seront faites [aux personnes qui n'ont pas voulu se présenter pour être inscrites sur le catalogue des voisins] d'avoir à faire aucuns actes de voisin, comme sont allumer du feu, puiser de l'eau à la fontaine ni au gave et autres semblables. » *Arch. mun.*, BB 7, f° 215. Rappelons que l'impôt était taillé suivant le nombre des feux, qu'il y avait les *foexs alluquants* et les *foexs mourts*.

Dans un document de 1345, cité par Lespy on lit que le viguier de Pardies fut chargé de mettre Bonne de Besiau, de Monein, en possession du lieu d'Acer et l'ordre portait : *en senhau dequere que-u ne liuras lo crimalh e li pausas e li metos en la maa* (1). A Sauvelade, en 1549, même formalisme : *estanz la arribatz debant la porte que prenco lod. de Laborde en man et lo bota deffentz et lo rendo lo crimalh en s1 maa* (2). Ces expressions expliquent le proverbe béarnais *lou crimalh qu'ey lou meste de la maysou* et on ne saurait dès lors s'étonner que parmi les divers vocables désignant l'aîné, *cap meste, cap casal, cap d'oustau*, figure aussi celui de *cap crimalh*. Un vieux jurisconsulte Basque, Béla, ancien élève de notre Université Orthézienne, précieux à consulter pour les usages locaux, qui, lorsqu'il s'en mêle vous a des pensées et des tours de phrase à la Montaigne, écrit dans son Commentaire manuscrit de la Coutume de Soule (3) : « Joint que les poutres et la crémaillère n'étant que pour des maisons, lesquelles ne peuvent être logeables sans lesdits ustensiles de ménage, il est hors de doute que ces mots sont apposés pour donner ladite intelligence. Et voilà aussi pourquoi en la prise de possession actuelle et réelle de quelque maison on use d'attouchement de la crémaillère. Et la locution de posséder poutre et crémaillère s'entend proprement pour avoir maison et biens immeubles d'autant que telles choses propres aux seules maisons y étant une fois posées et affichées, elles y sont à jamais et n'en peuvent sortir que par rupture de muraille ou autre chose à quoi elles attiennent. »

Du côté du Midi deux fenêtres, on disait à cette époque *biste* ou *frineste crotzada*, à moulure simple, sans grand ornement, du xv^e^ siècle, éclairant cette pièce un peu sombre. On ne les multipliait guère en pays méridional pour éviter la pénétration du soleil et de la chaleur à l'intérieur. Elles étaient formées de chassis qui furent vitrés avec de petits

---

(1) *Dictionnaire Béarnais*, t. I, v° *crimalh*, p. 210.

(2) *Arch. des B.-P.*, E, 1240, f° 47.

(3) *Bib. Nat. Fonds Franç. nouv. acquis.* 10161. Copie de l'exemplaire de feu M. Bascle de Lagrèze, donnée par M. Antoine d'Abbadie, de l'Institut. Rubrique VII, article 12, f. 202, explication de ces mots : « Et si le demandeur n'est fondé suffisamment de poutre et crémaillère ».

carreaux encadrés dans du plomb, que beaucoup plus tard remplacèrent les gros carreaux en fonds de bouteille. N'en sourions pas : cette épaisseur de verre formait prisme et accroissait l'intensité lumineuse. Des volets intérieurs servaient à clore. Ces fenêtres ont été ouvertes dans la partie

*Fig. 9.* — Fenêtre de la salle.

inférieure pour livrer passage vers la galerie, qui a été ajoutée aux constructions du XVII^e siècle, et en faire des portes fenêtres (Fig. 9).

Du côté du Nord une ouverture est percée au-dessus d'un évier. Vers l'Ouest, autant dire vers le rempart, une petite porte devait mener, j'imagine, à un poste d'observation ; elle n'avait pas d'autre raison d'être. Y séjourner, en temps d'hostilités, eut été s'exposer, par folle témérité, à une mort certaine. Or, dans la ville primitive, plate, du Bourg-Vieux, il importait de surveiller les abords du côté de l'Ouest, le seul par où l'ennemi du dehors pouvait arriver. Ne nous étonnons point que l'Est soit destitué d'ouvertures et que le grand pignon se dresse platement : la cheminée occupait une bonne partie de sa largeur.

De modestes armoires sont pratiquées à l'intérieur : voici deux cavités superposées de $0^m$ 55 de haut, $0^m$ 48 de large et $0^m$ 60 de profond. Taillées dans l'épaisseur du mur elle étaient réservées à la conservation des vivres, les hardes étant déposées dans des grands bahuts ou arques. Les maîtres d'œuvres laissèrent des saillies sur le bandeau de la pierre aux joints où les grands gonds doivent se sceller et où le verrou doit s'engager.

Les planchers, on l'a pu voir au rez-de-chaussée comme à cet étage, sont supportés par des maîtresses poutres qui reposent sur des corbeaux extérieurs au mur.

Etudions la charpente qui a exactement les dimensions des

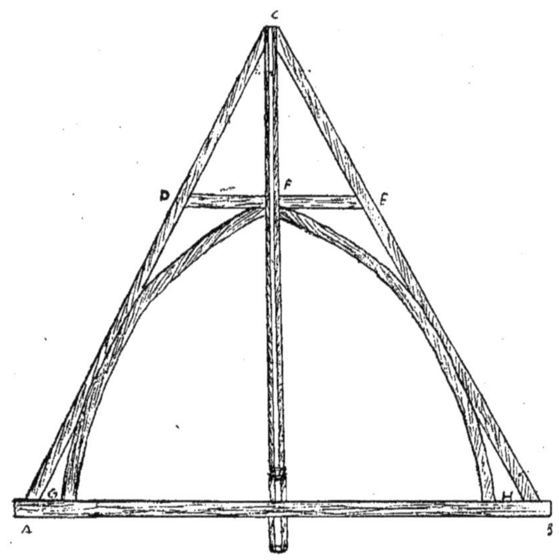


*Fig. 10.* — VUE D'UNE FERME.

salles déjà étudiées et que l'exhaussement léger du mur pignon, à l'Ouest, protège contre la pluie chassée par le vent de mer. Suivant une expression exacte de M. Tholin elle reproduit « l'image d'une carène de navire renversée. » Elle se compose de 25 fermes, de 7 mètres de hauteur, ayant deux arbalétriers A C. et B C et un entrait retroussé (*traba-*

*teigt)* D E destiné à empêcher les arbalétriers (*tirants*) de fléchir et de se courber sous la charge de la couverture. Quelques poinçons C F reçoivent les extrémités des arbalétriers réunis en F à timon et à mortaise et empêchent la déformation de la ferme. Les blochets (*brouchets*) G et H ont $0^m$ 70 de profondeur et reposent sur les sablières. Près du mur pignon d'Ouest un seul entrait A B (Fig. 10).

Cette charpente forme un segment de cercle ou tiers point pour 14 fermes, 11 n'ayant pas ce segment. Elle rappelle la description de l'église de Mauvesin, près Marmande, donnée par Viollet-le-Duc (1) et par M. Tholin, sauf qu'ici les sablières sont posées sur les entraits au lieu d'être dessous et que les blochets viennent s'assembler dans les jambettes lesquelles sont pendantes et terminées par un cul-de-lampe : à Mauvesin aussi les chevrons débordent l'arête du mur. Les deux charpentes ont en C un faîtage dans lequel viennent s'assembler les extrémités des chevrons.

Le bois de chêne a été utilisé. Chaque arbalétrier mesure $0^m$ 10 de large sur $0^m$ 14 de profondeur (2). L'ensemble présente un effet imposant, celui d'une voûte élancée et souvent, sans en plus savoir, des amateurs y ont voulu trouver les restes d'une église ou d'une chapelle à la façon dont Chateaubriand voyait dans le dôme des forêts la naissance de l'arc ogival.

Viollet-le-Duc a cru pouvoir faire remonter la construction de telles charpentes aux Anglais qui en auraient pris l'idée en Normandie. M. G. Tholin qui en a étudié divers types, types d'église à la vérité, conclut formellement : « Je n'hésite pas à attribuer aux traditions importées par les Anglais le goût des architectes du pays pour les belles charpentes. La composition et l'assemblage de ces œuvres révèle l'habileté de praticiens habitués à la construction des navires. — On remarquera d'ailleurs que quelques-unes des églises munies de ces formes de combles datent précisément

---

(1) *Dictionnaire d'architecture*, t. III, p. 3-4 et figure 1, p. 29 et figure 23.

(2) Il dut être recouvert de boiseries en placage, car on trouve des clous ou des marques de clous en grand nombre.

de l'occupation anglaise. » (1) C'est l'époque où la maison s'élevait et, dit Viollet-le-Duc, l'art du charpentier « était arrivé, pendant le xv^e siècle, à son complet développement. »

Un épi élevé, démoli au xviii^e siècle, s'élevait à la place où virevolte (*birebare*, disons-nous en Béarn), une modeste girouette docile à tous vents.

Que la tour de l'escalier n'induise point à penser que cette maison ait pu avoir quelque apparence féodale. Dans le Midi les bourgeois étaient autorisés à construire des tours (2). Bien plus, c'était ici nécessité. La maison avoisinait le rempart, participait à la défense, elle était en quelque sorte militaire, avait droit à cet appareil, mais appartenait à l'un de ces *burgenses Orthesienses* qui se réclamaient modestement, quoique avec légitime fierté, de ce titre.

La hauteur de la maison, prise sur cour, est de quatorze mètres. Elle peut paraître exceptionnelle. A une réunion des Etats, en 1398, le seigneur de Viellepinte demanda qu'il fût permis à chacun d'édifier châteaux ou maisons de pierre aussi élevés qu'il le voudrait, sans qu'un règlement du vicomte fût nécessaire : il en existait un, en effet, interdisant de bâtir maison de pierre au-dessus de 14 arrases (8^m 96). En 1430, présentation du même vœu (3). Mais à Orthez, il le faut

---

(1) *Etude sur l'architecture religieuse de l'Agenais du X^e au XVI^e siècle.* Paris. Didron, 1874, in-8°. VII. *Eglises pourvues de charpentes remarquables*, pp. 252 et 260. Si mes souvenirs ne me trahissent pas trop, l'église de Monein datant du XIV-XV^e siècle a une charpente à peu près semblable.

(2) Ed. Boutaric. *Institutions militaires de la France avant les armées permanentes.* Paris, Plon, 1863, in-8°, p. 131.

(3) Il est difficile de dire quelle mesure linéaire représente l'arrase. S'il l'eût su, l'érudit et consciencieux Paul Raymond n'eut pas manqué de nous le dire dans sa publication sur les *Artistes en Béarn* où il a transcrit plusieurs fois ce mot. Lespy, dans son Dictionnaire préparé avec le savant archiviste, écrit : *Arrase, rase*, mesure de longueur, 0^m 46. Il renvoie 1° à du Cange dont le Glossaire, édition Henschel, v° *Rasa* 4, nous parle d'une mesure agraire, et v° *Rascia* 1, d'une mesure agraire ou de vigne ; 2° à la coutume de Soule. Cette coutume s'exprime de la sorte (éd. Simon Millanges, Bordeaux, 1603, Rubriq. *Deus camis*, art. 2, p. 96 :) *Et deu haber lo cami reau nau arrases d'espacy au pays de Sole.* M. l'abbé Haristoy (*Recherches historiques sur le Pays Basque.* Paris, Champion, 1884, in-8°, t. II, p. 446), dans sa traduction, a « préféré, dit-il, suivre le mot à mot afin de s'écarter le moins possible du texte primitif » et s'est « servi d'une édition tirée d'une copie imprimée à Bordeaux et corrigée d'après deux autres éditions, dont l'une de 1553 et l'autre de 1604 ». Mais M. Haristoy aurait-il donc simplement transcrit Béla ? Il traduit ainsi : « Au pays de Soule, le chemin royal doit avoir neuf coudées d'espace (40 pieds) », et une note contredit son calcul. Or voici ce que Béla nous dit dans son Commentaire déjà cité, f° 987 : « Quant est des coudées dont parle cet article, il est de savoir qu'une coudée emporte autant de longueur comme deux pams de cane ou deux pieds

remarquer, on ne voulait pas, ce qui était le cas en général, nuire au Seigneur, aux forteresses du pays ; tout au contraire, les maisons de cette ville servaient à sa défense.

Quel a pu être le maître d'œuvres chargé de la construction de cet édifice sobre de lignes, régulier, sans grands ornements, conforme au type des maisons de la fin du XIVe siècle ? Evidemment il ne fut pas l'œuvre d'un simple ouvrier, mais bien d'un *cap meste de las obres*. Nous trouvons qu'à Orthez travaillaient les architectes qui ont nom Sicard de Lordat, Bertrand Bardalon, Jean Durango de Bicaye. Il n'est pas téméraire peut-être de penser que l'un d'eux a tracé le plan, le pourtraict (en béarnais *pertreyt*, dessin au trait).

Au XVIe siècle certaines constructions furent ajoutées du côté du jardin (actuelle rue du Juge) et du côté opposé où était un pigeonnier. Ces ajoutements sont en pans de bois.

## II

## Les Propriétaires de la Maison.

Le notariat était, en Béarn, une institution rudimentaire. Le commentateur du For, Maria, écrit : « Nous n'avons pas des notaires à titre d'office, ils sont tous à titre d'afferme, tout le Béarn étant divisé en diverses notaries dont chacune a son chef-lieu où celui qui afferme le notariat pour l'exercer lui-même doit se faire examiner par les jurats et jurer entre leurs mains de bien faire la charge. » Labourt, autre commentateur, cite les règlements des Etats des 24 mai 1612, art. 53 ; 19 septembre 1616, art. 57 (Rubrique des Notaires) sur la capacité des notaires et leur réception. Les charges se

---

de roi que les béarnois appellent arraze. et se mesurent, mettant du plat au large l'un pouce au bout d'une mesure soit-elle cane ou autre perche. Et après, et tout joignant led. pouce, posent le bout du coude et étendent le bras en avant jusques au bout du médius ou troisième doigt de la main du bras de laquelle on mesure icelui doigt étendu aussi en long et encore au bout d'icelui doigt, remettant led. pouce retiré à l'autre bout, et faisant une marque au bout de la place du pouce dernier posé et au côté qui va en avant, comptent l'arraze ». Le pied valant en Béarn 0m 325, à la fin du XVIIIe siècle, 9 arrases représentaient donc 5m 76. M. Flourac. dans *Jean Ier, comte de Foix, vicomte souverain du Roi en Languedoc*, Paris, Picard, 1884, in-8°. p. 14, corrige heureusement Faget de Baure parlant de 4 arrazes.

donnaient aux enchères, *à la maye dite*, et devenait titulaire qui offrait le prix le plus élevé. L'examen devant les jurats était un leurre. Qu'on s'imagine, et ce fut réalité, les jurats de Castetner interrogeant le candidat qui aspirait à exercer ces fonctions au vic de Larbaig (1). Le notaire était généralement un praticien qui, joignant cette charge à la gérance de son patrimoine, coulait simplement en forme les actes suivant des formulaires transmis avec soin de génération en génération. Dès lors plus d'originalité, plus de recherches, mais la simplification des actes et l'économie parcimonieuse du papier timbré. Dans les ventes notamment : mention des parties, de l'objet du contrat et du paiement du prix ; pas d'origine de propriété plus loin que sur la tête des vendeurs.

Il devient donc difficile de dresser la généalogie des maisons, à la seule vue des actes. Faute de ces documents, les censiers seuls procurent quelque secours. Celui du XVIe siècle pour Orthez est utile, mais encore faut-il pouvoir débrouiller exactement les mentions de mutation inscrites pêle-mêle en marge. Ceci pour expliquer jusqu'à quel point les renseignements doivent être proposés avec réserve.

Au XVIe siècle René Nabascoy et Agnesote, sa femme, détenaient cette propriété qui avait appartenu aux Campagne. Elle confrontait à la maison Destraborc et à une place de l'héritier d'Iriart. Une mention d'émargement porte que de Nabascoy elle vint aux mains d'Arnaud de Salinis (2).

C'était un personnage, et d'importance, que Me Arnaud de Salinis, porteur d'un nom qui trahit une origine prise de la vieille ville béarnaise où les eaux salées continuent à donner bien-être et santé. Il était le fils aîné de Bernadou de Salies et de Johannette d'Arbus (*de Arbusio*), fille de l'honorable Pérarnaud d'Arbus, jurat de Salies, et nièce d'un archiprêtre de Sault-de-Navailles, petit-fils de l'avocat orthézien Labaig. Il vint se fixer à Orthez où, à la date du 26 février 1576, on le trouve remplissant les fonctions de greffier. Le 8 mai 1584

(1) Un arrêt du Parlement, de 1731, concerne l'ignorance des notaires. *Arch. B.-P.*, B 4825.

(2) *Arch. mun.*, CC 1 f° 33 r°.

il est qualifié « natif de Salies et habitant à Orthez, pourvu de l'office de trésorier général des biens ecclésiastiques à la charge du serment et cautions à l'accoutumée. » (1) Des difficultés s'élevèrent entre lui et Jacques d'Hereter, de Sauveterre, diacre et receveur des deniers ecclésiastiques, qu'une sentence du 9 octobre 1587 termina. Le procureur patrimonial représentant les intérêts du domaine avait traîné Arnaud « par de longs circuits » et le mit « dans l'impossibilité en apparence de pouvoir donner caution à suffisance. » D'Hereteur fut remis en possession (2).

Le 6 avril 1584, par l'achat de la maison seigneuriale du Hau de Bérenx à Me Pees de Lajusan, seigneur de Roques, Arnaud de Salinis était entré dans le corps de la noblesse. Il possédait à Orthez, outre celui de la rue du Bourg-Vieux, divers immeubles acquis de Ysabe de Baure, seigneur de Naupernes, de Bertranette de Iriart et de Courmille rue Pelains (3).

La maison passa ensuite à Alexandre de Blair, premier professeur du roi en philosophie et principal du collège royal d'Orthez, *natif des lieux et maison noble de Baltiole, royaume d'Ecosse*. Aux termes des « lois collégiales » si heureusement retrouvées par M. Paul de Félice : « les deux professeurs de philosophie ou arts enseignent l'un après l'autre, dans un cours qui dure deux ans, d'abord Porphyre et la Logique d'Aristote, ensuite la Physique et τὰ μεταφυσικά du même. De Cicéron, ils liront le *De finibus bonorum et malorum*, ou les Académiques, ou les Tusculanes. Tous les samedis, de midi à une heure, les physiciens et les logiciens auront entre eux des discussions publiques » (4). Heureux temps que celui où la cadence des périodes cicéroniennes retentissait dans la rue du Bourg-Vieux et combien, pour ces années de bel hu-

---

(1) Dufau de Maluquer. *Armorial de Béarn,* Pau. Ribaut, 1893, in-8°, t. II, p. 388-9.

(2) *Bulletin de la Société des Sciences, Lettres et Arts de Pau,* nouv. série, t. I [1871-72], diverses mentions dans *Extraits des registres de la Chambre des Comptes,* pp. 137, 177, 191.

(3) *Arch. mun.*, CC 1, fos 40 ro, 33 ro et CC 2, 1600, fo 12 ro.

(4) *Mémoires et documents scolaires publiés par le Musée pédagogique.* Paris, Delagrave, 1889, in-8°, p. 55.

manisme nous pardonnons les argumentations en baroco et en baralipton sur la quiddité et l'hiccœité !

Le principal était désigné, peut-être élu, par les doyens des Eglises réformées du pays. Blair, qui en remplissait les fonctions, était Ecossais comme aussi son collègue, l'autre professeur en philosophie, Gilbert Burnathus ou Burnata qui quittera Orthez, pour Montauban, en 1610. Ils étaient arrivés en 1590.

La faveur allait à ces doctes. Peu après sa venue en terre béarnaise, le 2 décembre, Blair épousait demoiselle Marie Rémy, troisième fille de Robert Rémy, valet de chambre du Roi, concierge garde-meubles du château de Pau, et de demoiselle Marie Séguier, qui lui apportait une dot de 2.000 livres tournoises.

Pierre de Blair, étudiant à l'Université d'Orthez avec Bernard et Alexandre, celui-ci tige des présidents à mortier au parlement de Metz, était fils d'Alexandre, le philosophe. Il épousa Marie de Lapuyade, d'Orthez, et de leur union naquit Arnaud de Blair, avocat à Pau vers 1668, conseiller au parlement de Navarre en 1686, seigneur de la maison noble des Turons de Pau qui lui donnait entrée aux Etats. Il mourut en fonctions, le 11 septembre 1700, et fut inhumé dans l'église Saint-Martin.

Samuel de Blair, son fils, seigneur des Turons, puis baron de Pomarez, seigneur de Lahontan, fut admis, le 20 août 1691, aux Etats pour la maison noble des Turons que son père lui avait délaissée. Le 1er février 1693, il épousait en l'église Saint-Pierre d'Orthez, avec dispense du troisième degré de parenté, demoiselle Françoise de Lapuyade, fille de David de Lapuyade, seigneur de Lassalle, premier jurat d'Orthez et capitaine des Bandes Béarnaises, à l'assistance de son père, de Samuel de Blair, son oncle, receveur des consignations au Parlement de Navarre, du père et de la mère de l'épouse, des sieurs Bordenave-Cassou et Forcade-Baure. Reçu conseiller au parlement, le 8 décembre 1700, il résigna sa charge en faveur de son fils Jacques qui en obtint les provisions le 10 avril 1734 (1).

(1) DUFAU DE MALUQUER et J. DE JAURGAIN. *Armorial de Béarn.* Paris, Cham-

Le 18 juin 1701, par acte au rapport de Saint Pau, notaire, Samuel de Blair vendait pour mille livres à Antoine et Jean de Marque, oncle et neveu, attachés à l'église Saint-Pierre comme prébendés, et dont le plus âgé avait été son précepteur, la maison confrontant aux propriétés des sieurs de Ribeaux et du Casse, celui-ci décédé, tous deux avocats (1). Les Marque étaient d'origine béarnaise. Dans les registres d'état-civil de l'église, Antoine est qualifié clerc tonsuré le 15 juin 1701, Jean de même le 21 mai, et le 23 août était enterrée « la nommée Jeanne, belle-sœur de M. de Marque prébendier d'Orthez ». Nous trouverons, par la suite, intervenant à certaines procédures, Marie de Marque, autorisée de Jean de Pèes, de Lons, son mari. L'aîné des Marque avait qualité de syndic de l'antique confrérie Notre-Dame de Saint-Pierre.

La maison passera, comme nous aurons occasion de l'expliquer à Antoine Batcave. Né le 17 Novembre 1680, il était un des fils cadets de Bernard Batcave, député, puis jurat du vic supérieur de la vallée d'Ossau, et de Grâce de Suberbie, tous deux de Sainte-Colomme, neveu de Jean Antoine, prêtre habitué de ce lieu. Les Batcave, dont on trouve le nom dans le recensement de Gaston Phœbus, en 1385, étaient une souche d'où se détachèrent de nombreux rameaux qui essaimèrent à Asson, à Nay, à Pau et au pays de Montaigne (2). Depuis le XIV^e^ siècle elle a fourni des membres au clergé Béarnais jusqu'à Jean Batcave, pour nous arrêter au XVIII^e^ siècle, qui, après avoir été curé de Doumy, posséda la prébende de Lilhan à l'église Saint-Seurin de Bordeaux, fut sous-principal au collège de Guyenne, titulaire de la Chan-

---

pion, 1889, in-8°, p. 32 et *Arch. mun.* d'Orthez : Etat civil catholique. — Ayant souvent à citer cet excellent et consciencieux travail, je l'indiquerai sous la mention sommaire : *Armorial*.

(1) Du Casse était le cousin-germain de l'amiral du même nom que l'on fait généralement naître à Saubusse. M. de Dufau de Maluquer, dans une de ces études qui ne laissent rien à y ajouter, démontrera que les Béarnais peuvent revendiquer cet homme de mer. Du Casse, l'Orthézien, alla à Saint-Domingue comme l'amiral.

(2) Mon obligeant ami, M. A. de Dufau de Maluquer, m'a communiqué un acte du 5 décembre 1580 (*Arch. des B.-P.*, E 1744, f° 174) où il est parlé d'Antonie de Batcaba, fille de Quatalina de Batcaba, niéce du fameux capitaine protestant Poqueron, gouverneur de Nay, seigneur d'Abère d'Asson, qui assista aux siéges de Navarrenx et de Tarbes. — M. Dezeimeris, le délicat humaniste, m'a signalé l'amitié qui unissait sa famille à celle des Batcave du Périgord, cadets de Sainte-Colomme.

trerie de Saint-Seurin (1) et ensuite curé constitutionnel de Saint-Martial (2).

Antoine Batcave appartenait à une génération où les enfants étaient nombreux. Mathias, l'aîné, conservera, suivant la coutume béarnaise, la maison de famille où il exerçait le métier de sculpteur maître-menuisier. Les cadets qui avaient reçu quelque instruction, — leurs livres de raison et leur correspondance en témoignent, — furent adonnés à la même industrie et allèrent appliquer en divers lieux les connaissances qu'ils avaient acquises.

Les sculpteurs béarnais n'étaient pas les médiocres ouvriers qu'on pourrait imaginer. Au XVI<sup>e</sup> siècle ils fabriquaient des rétables d'églises, des meubles bien ouvragés. Nous leur devons ces coffres, ces armoires ou cabinets aux panneaux chantournés, aux corniches fouillées, ces glaces aux frontons décorés, aux frises délicates où s'éploient les oiseaux de paradis, les paons au milieu de rinceaux et de fleurs; les commodes pansues aux ornements de cuivre poli. Ils œuvrèrent en abondance, vers la fin du XVII<sup>e</sup> et au commencement du XVIII<sup>e</sup> siècle, les rétables d'églises qui deviennent de plus en plus rare avec leurs lourdes colonnes torses, leurs divers étages aux niches profondes, leurs guirlandes de feuillages, leurs vases couronnés de flammes, leurs corbeilles de fruits, leurs volutes en rocailles sans parler des coquilles, palmes et rinceaux, le tout surchargé de dorures. Le goût en était venu d'Espagne (3) où, je crois, l'influence d'artistes bourguignons s'exerça et le détermina. Ils tournaient également ces statues un peu massives (4), grotesquement bario-

---

(1) Je dois à M. E. Labadie de Bordeaux, l'érudit bibliophile, la connaissance des divers actes notariés contenant ces indications.

(2) Alf. Leroux. *Origines historiques des paroisses St-Louis, St-Martial et St-Remi de Bordeaux*. Bordeaux. Gounouilhou, 1911, in-8°, pp. 247 note 3, p. 248-9. (Extr. de la *Revue historique de Bordeaux et du département de la Gironde*, juillet-août 1911).

(3) Cfr. Xavier de Cardaillac. *Le Martyre de Sainte Catherine et de Sainte Barbe et leur glorification* (*Bulletin-Monumental*, 1896, p. 41). — P. Lafond. *la Sculpture espagnole*. Paris, Alcide Picard (Bibliothèque de l'Enseignement des Beaux-Arts), s. d., in-8°, donne plusieurs noms de sculpteurs d'origine basque.

(4) Il eût été intéressant, il y a quelques années, il le serait encore assez, de dresser l'inventaire de ce qui subsiste des œuvres de notre industrie locale : la chaire du début du XVI<sup>e</sup> siècle de Nay, celle du XVIII<sup>e</sup> d'Oloron-Sainte-Marie,

lées au XIXe siècle, ces angelots joufflus, ces père Eternel à la belle barbe blanche, d'un faire parfois ingénu, dont la naïveté est incontestablement supérieure à la fadeur des statues que débite le quartier Saint-Sulpice. Ils ne dédaignaient pas de recourir aux grâces de la mythologie puisque Joseph de Révol leur interdisait pour son diocèse d'Oloron « les représentations de sirènes, petits génies nus qu'on plaçait dans les rétables. » (1)

Arrivé à Orthez, ville qui n'avait que « de simples bourgeois et artisans » et non « des gens de première condition » (2), Antoine Batcave s'installa rue Bourg-Vieux et s'associa avec Jacques de Badière, maître menuisier. Il devint syndic-trésorier de la confrérie du Saint-Sacrement de Saint-Pierre, esta dans divers procès en cette qualité et, après avoir acquis l'immeuble de Marque, put être reçu voisin ou bourgeois de la ville ; il siégea plusieurs fois au corps de ville en qualité de député. D'après ses livres de compte il paraît un peu architecte, dans un bourg où on n'en comptait pas, dresse des plans d'église, surveille les travaux, vérifie les mémoires. Il travailla pour plusieurs fabriques de la région et fournit à celle de Saint-Pierre un autel à la romaine du prix de 680 livres (3).

Antoine Batcave mourut, le 6 novembre 1759, laissant

---

celle du XVIIe siècle de Louvie-Juzon avec ses sculptures ; les jolis lutrins du XVIIIe siècle de Monein et d'Oloron Sainte-Marie, pour ne citer que quelques morceaux.

(1) M. l'abbé MENJOULET (*Chronique du diocèse et du pays d'Oloron*. Oloron, Marque, 1869, in-8°, t. II, p. 336) a signalé cette renaissance de l'art des sculpteurs qui remonte toutefois à une date antérieure à celle qu'il indique. Il cite les noms de Bradines d'Izeste et de Dartigacave de Sainte-Marie. Combien on en pourrait ajouter : les d'Abbadie, les Charley, les Claverie, les Casassus, les Girody.

(2) *Arch. Mun.* BB. 12, f° 43, 18 décembre 1707.

(3) *Eod. loc.* BB 17, f° 133-4, 17 septembre 1741. M. Bosc est seul à parler de ces monuments (*Dictionnaire raisonné d'architecture*. Paris, Firmin-Didot, 1877, in-8°, t. I, p. 177, v° *Autel*) : « les premières églises n'avaient qu'un seul autel isolé, dit *à la romaine*, et placé au milieu du chœur ». Tel ne saurait être le sens en notre cas. Il s'agit ici de la réaction qui se produisit en architecture, au XVIIe siècle, sous l'influence des Jésuites et fit substituer aux rétables des autels simples comme ceux qui sont en usage aujourd'hui, mais étaient conformes en leur ornementation aux divers styles, ionien, corinthien. Tel est le renseignement que m'a fourni M. Girodie, conservateur à la Bibliothèque d'Art et d'Archéologie, si versé dans ces questions. — Le 14 mai 1711, Antoine Batcave est choisi comme expert pour vérifier si le dôme de Saint-Pierre est reconstruit conformément aux règles de l'art. *Arch. mun.*, BB 12, f° 97. — Les sculpteurs me paraissent avoir eu, au Béarn, la spécialité des travaux de bois des églises, à l'exception du gros œuvre.

entre autres enfants de son union avec Jeanne de Marsoo, Pierre, l'aîné et le continuateur de l'industrie paternelle, qui entra dans une famille où s'exerçait depuis longtemps la traditionnelle industrie locale de la tannerie-corroierie. Il épousait, en effet, le 14 novembre 1731, Jeanne de St-Martin (1), dont une sœur cadette, Marie, s'unissait, le 12 juin 1753, avec noble Jean de Poeydomenge, de Baigts, et par retour de dot ou tournedot certains de leurs biens sont revenus à la famille souche.

Depuis Antoine Batcave l'immeuble de la rue Bourg-Vieux est resté dans la famille, conformément à la coutume béarnaise, c'est-à-dire par droit de primogéniture.

## III

## Un Procès pour fausse-monnaie.

### § I. — La découverte du crime. — L'Instruction

Fabriquer de la fausse monnaie était, sous l'ancien régime, qualifié crime et n'inspirait pas plus d'horreur, loin de là. Dans un travail consciencieux et détaillé (1), M. de Mantellier explique comment les opérations peu honnêtes du pou-

(1) La dernière représentante de cette souche, Mlle Marie-Louise-Lolote Lamatabois, de Départ, s'est éteinte le 3 avril 1892. Elle était la fille de Pierre Lamatabois, fils d'autre Pierre et de Judith Marguerite Lacoste, décédé le 12 septembre 1850, époux de dame Marie-Anne-Laure Forcade-Lapeyre. Pierre Lamatabois fut longtemps bâtonnier de l'ordre des avocats, adjoint de la ville dans les municipalités élues les 13 janvier 1816, 10 juillet 1822, 28 septembre 1825 jusqu'en 1831, puis le 25 février 1839, en remplacement de M. Lafargue jusqu'en 1848 ; il était juge au tribunal au moment de sa mort. C'était un homme intègre, libéral, un classique. Le duc d'Angoulême logea chez lui pendant trois jours lorsqu'il rentrait en France, en 1814, à la suite de l'armée alliée. Victor Hugo, qui ne détestait pas ces petites vengeances, l'a mis en scène dans une de ses œuvres (*les Misérables,* 1re part. *Fantine.* Paris, Pagnerre, 1862, 7e éd., liv. 5, XII, p. 113. *Le désœuvrement de M. Bamatabois,* comme il y a mis aussi l'autre adjoint, l'honorable M. Jean Chesnelong, désigné dans le livre sous le prénom de Pierre (liv. VI, II, p. 161). Le motif est puéril, mais est à indiquer. On avait refusé au grand poète, venu tout exprès de Biarritz en 1843, une entrée gratuite sur la place d'Armes pour voir la course de taureaux. Hugo qui avait la rancune tenace n'omit pas l'occasion de lui donner libre cours. Telle est la tradition orale.

(2) *Notice sur un atelier de faux monnayeurs du XVIIe siècle, découvert à Pithiviers en 1837 (Mémoires de la Société Archéologique de l'Orléanais,* t. I, [1851] p. 321. M. Pierre Clément a résumé ce travail (*Histoire de Colbert et de son administration.* Paris, Didier, 1874, in-18, 2e éd., t. I, chap. XIV, p. 369).

voir royal sur le titre des monnaies avait stimulé l'ingéniosité des rogneurs, batonneurs et surtout des faux monnayeurs. La crainte de supplices terribles, l'eau bouillante, le feu, n'épouvantait personne. Les Papes eurent beau, à la sollicitation des rois, y ajouter l'excommunication, absolution réservée en cas de mort, rien n'y fit. Et, sous Louis XIV, la misère se joignant à d'autres maux, l'hiver de 1709 avait été terriblement rigoureux, on se livra en bien des endroits à la fabrication adultérée. Les documents qui suivent démontreront que le Béarn y eut sa part (1).

« Les efforts, les rigueurs, les démonstrations, écrit M. de Mantellier, demeuraient sans vertu, le faux monnayage conservait son extension. Ce n'était pas ce qu'on voit aujourd'hui, le crime isolé de quelque malfaiteur obscur, mais une spéculation pratiquée en grand, le plus souvent par des associations habiles, riches, quelquefois soutenues d'en haut, trouvant dans maints châteaux asile et protection contre la justice du roi. Répandues sur la France entière, elles agissaient au cœur des cités les plus populeuses et dans les retraites les plus reculées des campagnes. Dans certaines contrées, près des frontières qu'on pouvait facilement franchir, et à la lisière de l'Est, qui fut de tout temps le foyer le plus intense de la fraude, il n'était pas de bourg, de ville, qui n'eût ses faux monnayeurs, de caverne isolée, de ruine déserte, de bois touffus qui n'eussent abrité des ateliers clandestins : partout les traditions le disent, d'accord avec les édits de répression et les enquêtes des commissaires royaux qu'on députait de temps à autre pour fouiller le pays et faire justice exemplaire » (2).

---

(1) La correspondance des intendants avec le contrôle général fournit des renseignements sur la fausse monnaie en Béarn à diverses époques. Il existe aux archives du Ministère des Affaires Etrangères (France, 834, f° 172) une lettre de Thibault de Lavie à Richelieu, datée du 12 décembre 1639.

(2) M. l'abbé Foix, curé de Laurède (Landes), me communique la note suivante, tirée des archives de feu M. du Boucher, et qui vient à l'appui de l'opinion de M. de Mantellier. Noble Jehan d'Arbo, seigneur de Maurane en Laurède, fut exécuté et mis à mort en 1551, avec sa voisine et complice, la séigneuresse de Boucosse, pour « estre faulx monayeur et sacrilège, desrobant les croix, calices et aultres ornemens d'esglise, et meurtrier guettant et tuant ceulx qui passait leur chemin. » Par la même occasion, messire Bernard Darbo, prêtre habitué de Laurède, eut 100 livres tournoises d'amende pour fabrication de fausse monnaie. On trouvera quelques détails intéressants dans *Relation des*

La dernière commission fut donnée, en 1710, à de Saint-Martin, conseiller d'Etat et président de la Cour des Monnaies de Lyon qui, en dix-sept années, découvrit 103 ateliers de monnaie. La Gascogne figure sur cette liste pour le chiffre de deux : Aurignac et Saramon. C'est vraiment exagérer sa modestie.

« En France, comme à l'étranger, poursuit M. de Mantellier, les coupables étaient le plus souvent des gens haut placés et appartenant au moins à la classe moyenne. On a vu plusieurs châteaux dans la nomenclature des lieux qui renfermaient des ateliers ; des gentilshommes, des gens de loi, des marchands, des prêtres, des femmes (1), se rencontrent parmi les faux monnayeurs ou leurs affiliés. L'une des fabriques saisies à Vienne était exploitée par un orfèvre, sous la direction d'un médecin, d'un chirurgien et d'un curé ; l'autre appartenait à deux veuves.

« Je pourrais multiplier de semblables exemples, si ceux qui précèdent n'indiquaient suffisamment le caractère étrange d'un crime qui était devenu le métier de tout le monde , crime placé par l'opinion publique, il faut le croire, dans la catégorie des fraudes contre le fisc que les tribunaux punissent avec une juste sévérité, que le sentiment populaire juge avec indulgence, dont il amnistie et protège facilement les auteurs. A faire de la fausse monnaie, il y avait du péril, ce qui, dans une certaine mesure, appelle les sympathies ; le vulgaire n'y voyait pas l'immoralité qui les éloigne : à ses yeux c'était une profession dangereuse, pas autre chose. On y jouait sa bourse, sa liberté, quelquefois sa tête (2), on n'y

---

*choses les plus mémorables passées en la Basse-Guyenne depuis le siège de Fontarabie (1638)*, par Henry DE LABORDE-PÉBOUÉ, de Doazit, *in fine* du t. III de l'*Armorial des Landes* du baron DE CAUNA (Paris, Dumoulin, 1869, in-8o) ; notamment p. 456, l'argent est rogné en 1640, un prêtre et un orfèvre sont accusés à Pau, et p. 568 où Dufau, de Castétis, raconte au narrateur qui le visitait, qu'au commencement du carême un homme de Saint-Jean-Pied-de-Port allait être pendu à Pau comme faux monnayeur. « Un père l'exhorte, il répond « j'ai sur moi l'habit de l'escapulaire ». — « Eh bien ! dit le père. cela te serbira pour mieux mourir. » Et par deux fois l'échelle du supplice se rompit si bien qu'on donna la bastonnade au bourreau trop heureux de s'enfuir. — « Et on attribue cela à un miracle, à cause de la vertu de l'habit de l'escapulaire, grâces à Dieu. »

(1) MANTELLIER. *Loc. cit.*, p. 357.

(2) Voici la statistique d'après un manuscrit de l'Hôtel des monnaies : 1127 inculpés poursuivis ; 84 pendus, 188 pendus en effigie, 62 condamnés aux

perdait pas toute considération ; les faux monnayeurs étaient appréciés d'un esprit analogue à celui dont les contrebandiers, aujourd'hui encore, sont appréciés dans les pays frontières (1) ».

A l'époque où se placent les faits que nous allons raconter, il était bien difficile que quelque chose échappât à l'œil vigilant, à l'oreille attentive de M. de Saint-Macary, doyen du Parlement : à Orthez surtout.

Pierre de Saint-Macary, fils aîné de Samson de Saint-Macary, seigneur de la Salle de Bidegain, en Basse Navarre, et sieur de la maison Saint-Jean à Salies, était conseiller du Roi au parlement de Navarre, lorsqu'il épousa, le 15 janvier 1684, demoiselle Françoise Ursule de Marmont, fille de Daniel de Marmont, sieur puis seigneur de Départ près Orthez, gentilhomme distingué qui eut un bras cassé à la tranchée du siège de Condé où était Louis XIV. Le roi le fit porter à Lille où il mourut bien vite (2). Le 20 septembre 1688, Saint-Macary était reçu aux Etats, comme seigneur de l'abbaye de Marmont et Départ du chef de sa femme. Doyen du Parlement pendant de longues années il fut appelé, en outre, à remplir les fonctions de subdélégué général de l'intendance en Béarn, du 22 mars 1704 au 7 mars 1710, en remplacement de l'intendant Méliand, ami de Saint-Simon, beau-père du futur garde des sceaux René-Louis marquis d'Argenson, nommé à l'armée d'Espagne et qui dut résider auprès du duc d'Orléans et des maréchaux de Tessé et de Berwick (3). Mais la qualité de subdélégué qui échut à Saint-Macary n'était pas celle que l'on voit d'ordinaire remplie par ces officiers subalternes : aide, coadjuteur. Il était un vrai remplaçant, correspondant directement avec le pouvoir central, cumulant les traitements (4) et Méliand, loin de

---

galères, 51 bannis du royaume, plusieurs après avoir subi la peine du fouet et du carcan ; 557 condamnés à l'amende ; 125 renvoyés sous plus ample informé ; 60 mis hors procès. Amendes et confiscations : 829.738 l. 10 s. 6 d.

(1) MANTELLIER. *Loc. cit.*, p. 360-1.

(2) *Arch. Nat.*, G[7] 120. Mémoire imprimé.

(3) *Armorial*, t. I, p. 26. — P. RAYMOND. *Inventaire sommaire des Archives départementales*, t. III, *Notice sur l'Intendance*, p. 26.

(4) Il intitulait ainsi ses ordonnances : « Nous de St-Macary, conseiller du Roy au Parlement de Navarre, doyen, commissaire subdélégué général et départi

lui donner un ordre prenait seulement la liberté de lui recommander quelques affaires. Il mourut le 2 janvier 1725, âgé d'environ 75 ans et fut enterré le lendemain dans le chœur de la chapelle Notre-Dame à Pau. Il laissait deux filles : Marie, qui épousa Henri-Bernard, marquis de Lons, comte de Samsons, lieutenant du roi en Navarre et Béarn : Esther, femme d'Arnaud-Ignace, marquis d'Esquille, seigneur de Sumberraute et de Lannevieille, président à mortier au parlement de Navarre.

Saint-Macary remplissait donc la double fonction, souvent contradictoire, de membre, doyen du Parlement et de subdélégué de l'intendant (1). Or l'on sait si les Messieurs de la Cour détestaient le délégué du pouvoir qui, toujours, empiétait sur leurs fonctions ; l'intendant, d'autre part, ne se privait guère de dauber sur les chats fourrés. Aussi la réunion des pouvoirs en les mêmes mains était-elle délicate et il ne fallait pas moins que la souplesse du titulaire pour réussir. Dans sa correspondance abondante, régulière, il apparaît comme un esprit net, précis, judicieux, actif, très ponctuel, dominé par le zèle du service du Roi, plein d'initiative et ayant une haute conception du devoir. Il fut utile au Béarn et au pouvoir plus qu'on ne l'a dit.

Saint-Macary écrivait au contrôleur général Desmarets (2) la lettre suivante : la reproduire est fournir un exposé de la cause :

---

pour l'exécution des ordres de S. M. au Béarn. » On lui donnait du « Monseigneur ». *Archives du Ministère de la Guerre*. Section historique, vol. 1977, p. 159. Lettre de Méliand, en date à Pau du 15 juin 1706, mandant que Saint-Macary devra, en son absence, jouir des émoluments de sa charge de conseiller, preuve évidente du cumul.

(1) Les deux premiers intendants, Pierre de Marca (1631-38) et Jean de Gassion (1640-46), furent pris parmi les présidents au parlement. Le premier président Dalon fut investi par intérim des fonctions de commissaire départi de la province jusqu'à l'arrivée de Desmarets de Vaubourg, qui prit séance au parlement le 18 septembre 1685.

(2) Nicolas Desmarets de Vaubourg, neveu de Colbert, cinquième et dernier contrôleur général des finances sous Louis XIV (20 février 1708), après avoir été directeur (22 octobre 1703), à qui l'on doit de pouvoir lire les pièces du contrôle. Il poussa le soin de les conserver « à un degré de conservation, si je puis m'exprimer ainsi, qu'atteignent à peine aujourd'hui nos administrations », dit un juge pertinent, A. de Boislisle. (*Correspondance des contrôleurs généraux des finances avec les intendants des provinces*. Paris, Imp. Nat., 1874, in-4°, t. I, p. XVII.) — « Il fut, dit M. Lavisse, ce qu'il fallait malheureusement être alors : audacieux, très dur aux contribuables. » (*Histoire de France*, Paris, Hachette, 1908, in-4°, t. VIII, 1re p., p. 166). Ce jugement paraîtra sévère à qui a pu manier les pièces du contrôle et ne voudra pas oublier l'action heureuse de cet officier de la monarchie sur les finances de France alors fort obérées.

Monseigneur,

Je fus averty il y a pres de quatre ou cinq mois qu'on faisoit de la fausse monnoye dans la ville d'Orthez et le subdélégué ayant dressé son procez verbal duquel il paraissoit que des mendiants avoient trouvé 14 ou 15 pièces de 20 s. sur une des rues de la ville, il s'en saisit et me les envoya avec sa procédeure que je remis en main de M. Bertier, premier president de ce Parlement, parce que la connoissance luy en apartient, et ayant conféré avec luy quelque temps sur les moyens qu'on pourroit prendre pour en decouvrir les fabricateurs, il fut convenu que chacun de nous travailleroit a decouvrir le lieu où elle se fabriquoit. En effect, Monseigneur, je pris d'assez justes mesures dans la ville d'Orthez pour parvenir à nos fins, puis que sur la fin du mois dernier un de ceux que j'avois preposez m'escrivit que cestoit dans la maison de Marque prêtre et prébendier de la ville qu'on fabriquoit la fausse monnoye. Cette maison, Monseigneur, touche les murailles de la ville et repond au fossé, et ce prêtre y réside avec un de ses neveus qui est aussi pretre et prébendier. J'avoue que j'eus de la peine a croire que ces pretres fussent assez hardis pour faire la fausse monnoye, je craignois même d'offenser le caractère et de causer de l'escandale a la satisfaction des nouveaux convertis qui ne songent qu'à rendre le caractère meprisable. Neantmoins comme mon homme persévéra je fus obligé d'en parler à la dernière seance de la chambre des vacations, ou l'on commit un de nos officiers pour informer et arrester ceux qui se trouveroient detenteurs des outils et atteliers servants à faire cette fabrication, et le commissaire estant sur les lieux, on trouva qu'un de ces pretres craignant la visite jetta par la fenestre dans le fossé où il y avoit de l'eau le balancier, l'estoc et un carré, heureusement il fut veu par un petit garçon qui n'estoit pas loin de là, lequel ayant indiqué l'endroit, le commissaire fit vuider l'eau du fossé, et on y trouva une partie de ces ferrements, ce qui a donné lieu à l'emprisonnement de ces pretres qui ont esté traduits dans la conciergerie du Parlement avec trois autres forgerons ou chaudronniés ou je les ay fait separer et en ay donné avis à M. Desquille (1) président, qui par l'absence de M. de Bertier premier president qui est à Toulouze, s'est trouvé à la teste de la chambre des vacations, afin qu'il rassemblat ses juges, et bien qu'en qualité de doyen de la Compagnie je doive croire qu'on faira justice, je ne dois

---

(1) Arnaud, alias Jean-Arnaud d'Esquille, chevalier, baron de Somberraute, seigneur de Lannevieille d'Amendeuix, en Basse-Navarre, pourvu le 24 juillet 1673, à l'âge de dix-huit ans, de la charge de président à mortier. Il épousa Claude [de Mont-Réal] de Moneins-Tréville. Son fils Arnaud-Ignace épousera, par contrat du 21 décembre 1714, Esther Saint-Macary, comme nous l'avons déjà dit, qui mourut le 7 avril 1716. (*Armorial*, t. I, p. 7).

pas vous taire Monseigneur que celuy qui a donné l'avis m'en donne un autre que je prends la liberté de vous envoier, afin qu'il vous plaise d'escrire au sieur president Desquille qu'ayant esté informé de cette fabrication, vous entendez qu'il vous rende compte de cette affaire, et tienne la main a ce qu'un crime de cette nature soit puny, et qu'on en face une courte recherche. Le commissaire est encore sur les lieux et l'affaire pourroit estre plus importante par raport au nombre des complices, et comme je prevois que l'instruction n'en sçauroit estre faite qu'après la S. Martin, la lettre que vous prendrez la peine d'escrire au sieur Desquille ne peut estre que d'un bon effect, parce que cette procédure sera vraisemblablement portée à la Tornelle, à moins que les pretres accuses demandent leur renvoy en Grand Chambre pour estre jugez avec la Tornelle conformément à l'ordonnance, et c'est à la Tornelle, ou le s[r] Desquille presidera l'année prochaine, ces prévenus, Monseigneur, ne sont pas sans apuy, c'est même assez le sort des petites Provinces, ou les prevenus n'en manquent point parce que nous nous tenons presque tous par les pieds ou par la teste, mais quand il n'en faudroit rien craindre, j'auray la satisfaction de remplir mon devoir en vous rendant compte des plus legeres impressions qui peuvent me faire quelque inquiétude sans decider, esperant que vous voudrez bien ne pas les rendre publiques de peur de me rendre odieux à une compagnie, dans laquelle je dois vivre et mourir, et c'est aussy soubs la foy de ce secret que j'auray l'honneur de vous dire que sy je n'avois suivy cette affaire de pres, on travailleroit impunement aujourd'huy a la fausse monnoye dans la ville d'Orthez.

J'ai l'honneur... SAINT-MACARY.

A Pau, ce 13 octobre 1708 (1).

Cette lettre était accompagnée de celle qu'écrivait le 7 octobre à l'intendant Jacques de Lichigaray, seigneur de Crouseilles et procureur-syndic de la ville, lieutenant du maire d'Orthez (2) qui devait être exactement renseigné, car il habi-

(1) Cette lettre a été lue et soulignée au crayon rouge dans les parties utiles jusqu'à la phrase finale. L'ordre fut donné d' « escrire à M. le premier président et au procureur général du Parlement qu'ils donnent une attention exacte et qu'on n'omette rien pour punir les auteurs ».

(2) Né le 11 décembre 1652, il remplaçait comme procureur-syndic, le 26 avril 1693, Casalis devenu maire. (*Arch. mun.*, BB 10, f° 73). Le 3 avril 1708, lieutenant de la compagnie d'Orthez, consulaire, il était installé comme lieutenant du maire en conséquence de l'arrêt du Conseil d'Etat du Roi du 20 décembre 1707 (BB 12, f° 54).

tait rue Bourg-Vieux la maison portant actuellement le n° 32 et ornée de cette inscription :

De la maison de ville, grange actuelle de M. Lhoste, presque en face de la demeure des prébendiers, il pouvait surveiller ou faire surveiller les allées et venues.

Monsieur,

Si par mes soins ce qui s'est prouvé n'avoit esté découvert, M. le Commissaire se retiroit sans aucune preuve. Il paroit trèsbien intentionné pour sauver ces deux ecclesiastiques qu'il arresta et mit ensemble. Il se plainct de ce que cecy retarde sa vendange ou sa presence, dit-il, seroit nécessaire. Je ne sçay s'il envoye la servante de Pau. Vos reflexions, Monsieur, s'il vous plait ladessus et les ordres necessaires dans la suite à une autre commissaire, puisque luy mesme dit qu'il croit de n'y revenir plus, et pressé par le notaire d'entendre d'autres temoins, a dit qu'il n'en a ouy que de reste. Cecy est pour vous seul et soubs le sceau du secret. Dussu est icy fort suspect (1). Pour les Marques tous deux de la maison de Lons. Je suis...

LICHIGARAY.

A Orthes ce 7e octobre 1708.

(1) Barthélemy Dussu, receveur des consignations et commissaire aux saisies réelles dans le ressort de la Cour, lieutenant alternatif et mi-triennal de la ville d'Orthez par lettres du grand sceau, en date à Marly du 10 juillet 1707, installé le 31. Il installait à son tour, le lendemain, Pierre de Lapuyade, jurat, qui avait reçu des provisions de maire alternatif et mi-triennal, signées à Marly le 10 juillet (BB 13, f° 26). Il possédait la maison Antesantis, à Départ dont Léopold Vincent Dussu fut curé de 1693 à 1726.

Le commissaire enquêteur, messire Joseph de Candau-Péborde, de Garos, était suspect ce semble. Il avait cependant donné ses soins à bien remplir la commission qui lui avait été confiée, ainsi qu'on en peut juger par le procès-verbal suivant :

Au nom de Dieu,

L'an 1708, et le 6e jour du mois d'octobre, par nous Joseph de Candau, conseiller du Roy au Parlement de Navarre, commissaire député par arrest du 3e du courant, estant arrivé le jour d'hier nuit close, dans la presente ville d'Orthez, accompagné de Jean de Palette, greffier, pour escrire sous nous, et a nostre suitte Jean de Lardoueyt huissier, pour l'exécution du susd. arrest, rendu à la requête du procureur général du Roy, ayant pris pour nostre logis la maison du nommé Petit Jean et ce matin entre les sept à huit heures nous avons envoyé led. Lardoueyt huissier dans la maison du sieur de Casalis maire (2), pour luy donner avis de nostre arrivée, et de se rendre auprès de nous pour recevoir nos ordres, led. de Lardoueyt nous auroit rapporté que led. de Casalis maire estoit party pour la campagne, à la petite pointe du jour, et un moment après Mes de Labaig et de Badière jurats de lad. ville, revestus de leur livrée royale, seroient venus nous rendre visite, apres laquelle et en absence dud. maire, nous leur avons fait connoistre le subjet de nostre transport, tant de vive voix que de la lecture de l'arrest que nous leur avons fait faire par nostre greffier, leur ayant ordonné de me donner leurs soins et assiduités pour descouvrir la vérité du motif et autheurs de la fabrication des espèces dont il est parlé dans led. arrest, ce qui ont offert de faire, ayant mesme envoyé a chercher sur le moment Mes de Lahite, et A. Rachou jurats leurs collegues et nous avons ordonné aud. de Lahitte de s'en aller et se tenir sur la porte de la maison de Pierre de Hauron dit Peyraube fondeur, aud. de Rachon dans la maison de Pitras cadet, chauderonnier, et aud. de Labaig dans la maison du nommé Mougion forgeron qui loge proche l'hospital, à quoy ils ont sur le moment obéi et nous accompagnés dud. de Badière, jurat, de nostre greffier, et Lardoeyt huissier a nostre suitte,

---

(1) Jean de Casalis, abbé d'Osse, conseiller du roi, né le 12 juin 1657, maire perpétuel par provisions du 23 mai 1693, en vertu de l'édit d'août 1692, à 320 livres d'appointements. (*Arch. mun.*, BB 10, f° 65 v°). En 1707, on l'a vu, Pierre de Lapuyade le remplaçait et comme il était, en même temps, subdélégué de l'intendance, on dut recourir à Lailhacar, subdélégué d'Oloron. Le 18 mai 1708, Casalis était installé dans l'office de maire alternatif et mi-triennal, créé par édit de septembre 1706, qu'il avait acquis par arrêt du Conseil du 28 juin 1707. (BB 12 f° 56 v°).

nous nous serions transportés, à mesme temps dans la maison appartenante au s[r] de Marque prestre et la estant aurions ordonné aud. de Badière de nous fournir deux témoins a la visite que nous devons faire, lequel a fait venir Pierre de Cassou, hoste, et Jean de Serres baile habitans de la presente ville et ayant trouvé la porte de lad. maison fermée, qui neanmoins a esté ouverte par une fille, que led. Badière nous a dit estre la servante dud. s[r] de Marque prestre, a laquelle nous avons demandé ou estoit son maistre, elle nous a respondu qu'elle croyoit estre à Ste Ursule (1) pour dire la sainte messe ce qui nous a donné lieu de l'attendre, et cependant nous avons promené les deux jardins, l'un qui est sur le devant de lad. maison, l'autre au costé d'icelle, sans que nous ayons peu reconnoistre qu'il y eut aucune sortie d'instrument qui peut servir à la fabrication des espèces d'or, ni d'argent, apres quoy led. s[r] de Marque estant arrivé, nous luy avons fait connoistre le subjet de notre transport, et interpellé de faire ouvrir les portes de sa maison et de toutes les chambres, ce qu'il tout incontinent a fait, et nous sommes entrés en compagnie dud. de Badière, de nostre greffier, des témoins susd., led. de Lardoeyt estant toujours a nostre suitte, nous avons parcouru la première chambre d'en bas, la cuisine qui est a costé gauche en entrant, autre petit bouge qui est a cotté droite ou est l'aiguié, et un petit chay que nous avons examiné et fait examiner, deux coffres qui sont dans lad. cuisine, que nous avons trouvés ouverts, sans que nous ayons peu observer aucun instrument propre pour fabriquer des espèces d'or ny d'argent, et estant passez dans la seconde chambre d'en bas a plein-pied, nous y avons remarqué qu'il y avoit de la terre remuée ressement, et en ayant demandé la raison aud. de Marque, il nous a déclaré que les nommés Joly et Courbières fondeurs de cloches, luy ayant demandé de leur laisser fondre dans lad. chambre, ce qui leur avoit accordé, et en effet, ils y auroient fait deux creux dans le sol, pour y faire les fourneaux, ils y auroient fondu du métal et composé quatre cloches au veu et sceu des habitants de la ville, l'une desquelles cloches, lesd. fondeurs en avoient vendu aux pères Capucins de la presente ville et les trois autres, il ne sçait pas ce que led. fondeurs en ont fait, ne s'en etant pas mis en aucun soin, et ayant ordonné aud. de Cassou l'un desd. témoins de remuer avec un hoyau la terre mouvente qui estoit dans une petite pille, et d'en fouier mesme dans l'endroit ou led. s[r] de Marque a indiqué que lesd. deux fourneaux avoient esté faits, ce que led. de Cassou a fait a nostre presence, et a l'assistance susd. sans quil si soit trouvé que de la terre mouvante, et rien de tout ce qui peut faire soub-

(1) Le monastère était tout à côté.

çonner qu'il y ait eu aucune fabrication d'espèces d'or ny d'argent, et nous a esté mesme certifié tant par led. de Badière jurat que par autres habitants que la fonte et fabrication desd. quatre cloches avoient esté faites dans lad. chambre, et que les endroits ou lad. terre se trouvoit mouvante, avoit servy pour y faire les fourneaux pour la fonte et façon desd. quatre cloches ; après quoi nous avons fait ouvrir un coffre, qui est à lad. chambre, nous n'y avons trouvé que de papiers et avons fait remuer une pille de bois, mesme une pille d'aix ressement faits, sans avoir rien trouvé qui puisse induire aucune fabrication d'espèces ; sommes entrés encore dans la chambre de derrière, qui sert d'escurie et pour y mettre du bois à brusler et en y ayant quantité que nous avons fait remuer et après nous sommes montés dans tous les chambres et antichambres, parcouru les coins d'icelles, fait fouiller les lits, les dessous d'iceux, fait ouvrir les coffres et armoires, les deux greniers et generallement tous les recoins de lad. maison, sans que nous ayons trouvé aucune piesse fabriquée, ny en flancs (1), ny aucun instrument qui puisse servir ny induire à aucune fabrication d'espèces, lequel susd. examen et recherche nous avons fait en présence dud. s$^{r}$ de Marque, dud. de Badière jurat, des témoins susd. qui les ont signés et nostre greffier, de quoy nostre present procedure demeurera chargée (Signé) Candau, Marque p$^{tre}$, Badière, de Serres, de Casse présent. Palette.

A l'instant nous nous serions transportés accompagné comme dessus, dans la maison de Pierrine de Hauron dit Peyraube fondeur, où nous avons trouvé sur la porte led. de Lahitte jurat, ensemble led. de Peyraube travaillant dans sa boutique a son mestier ; auquel nous avons déclaré le subjet de nostre transport et sommé de nous ouvrir les portes de toutes les chambres, réduits d'icelles, armoires et coffres, ce qu'il a volontairement offert de faire, et ayant commencé par sa boutique ou il y a un armoire qui se ferme à deux portes, deux tiroirs, sous les lampes et tiroir de la boutique, nous ny avons trouvé que quantité de piesses de flambeaux et autres matières pour estre remises à la fonte et en œuvre et des monstres pour racomoder et a costé de lad. boutique, il y a un petit chay ou nous avons trouvé quatre barriques qui servent à tenir de l'eau de vie et une petite cuve de bois qui estoit remplie de grosses piesses de metal, que led. Hauron a déclaré provenir des piesses de cloches qu'il a acheté du debris de Lerida, sçavoir quatre quintaux a un marchand de Bidache, qui trafique en Espagne, le nom duquel il ne

(1) *Flan* est une pièce d'or, ou d'argent taillée en rond, de la grandeur et épaisseur dont doit être l'espèce, et préparée pour faire de la monnaie (TRÉVOUX).

sceu designer, deux quintaux a Bernard Pitras chauderonnier ; après quoy nous avons parcouru toutes les chambres du premier et second estage de lad. maison, jusques au grenier mesme, fait ouvrir toutes les portes et armoires, fait fouiller les licts et le dessous d'iceux, sans y avoir rien trouvé que des linges et d'autres choses servant pour l'utilité et mesnagerie de la maison, et ensuitte avons esté sur le derrière de lad. maison, ou il y a une chambre dans laquelle il fait la fonte, et avant d'entrer dans icelle, nous avons remarqué dans une chambre ouverte, qu'il y a trois cloches que led. Hauron a dit avoir esté fondues et façonnées par Joly et Courbières fondeurs dans la maison du s[r] de Marque prestre, et passant dans un creusoir (?), nous y avons trouvé un mortier de fonte et une autre cloche avec son contrepois que led. de Hauron a dit avoir prins des peres Capucins de la p[te] ville, estant ensuitte entrés dans la chambre, où se fait la fonte, nous y avons trouvé deux fourneaux, l'un qui sert à fondre les matières pour fuzionner les chandeliers et autres meubles dont il fait mestier, les outils comme sont tenailles, limes, marteaux et autres instruments servans aud. mestier de fondeur; de la sommes montés dans une chambre qui est en haut, ou il y a un tour qui sert à poulir les ouvrages qu'il fait, où nous avons trouvé pareillement divers mourceaux des matières de metal et de fonte, sans qu'en aucun endroit non pas mesme du grenier où nous avons esté, nous ayons trouvé aucun instrument ny outilhs qui puisse induire servir à fabriquer aucune espece d'or ni d'argent, laquelle visite nous avons faitte en présence dud. Hauron et des susd. qui ont signé avec nous (Signé :) Candau, A de Peyraube, Badière jurat. Batsalle Lahitte jurat. De Serres pt. De Cassou pt. Palette.

Tout incontinent nous nous sommes portés dans la maison ded. Bernard Pitras cadet chauderonnier où nous avons trouvé led. de Rachou jurat, led. Pitras travaillant dans sa boutique à faire des chaudières, auquel nous avons déclaré le subject de nostre transport et sommé de nous ouvrir les portes des chambres, coffres, armoires qui sont dans lad. maison, ce qu'il a offert de faire et ayant commencé par la boutique et les chambres de derrière qui la suivent jusques sur le derrière, nous n'y avons trouvé que des chaudières neufves et vieilles et les instrumens nécessaires pour les façonner, et estans entrés dans un autre apartement qui est a costé ou il y a trois chambres à plein pied, nous avons fait ouvrir tous les armoires, coffres qui estoient au dedans d'icelles mesme ceux qui sont dans l'appartement d'en haut et ceux du grenier et avons visité le tout sans y avoir rien trouvé que du linge dans les armoires et coffres et sur le grenier du grain et dans une chambre a costé du second estage, le magasin des chaudières façonnées et quantité de vieilles, sans avoir trouvé aucun instrument propre ny qu'il indique qu'on peut fabriquer aucune espèce d'or ny dargent, de quoy nous avons dressé nostre procedure et lad. recherche a esté faite en présence dud. de Pitras et des assistans susd. qui ont signé avec nous (Signé :) Candau, cons. De Pitras, Batsalle, Lahitte, jurat, Badière, jurat, Rachou ,jurat, De Serres, pt, De Cassou, pt., Palette.

De suitte nous nous sommes transportés dans la maison du nommé Mongiou forgeron qui loge proche l'hospital où nous avons déclaré le subjet de nostre transport sommé et requis de nous ouvrir sa boutique les chambres de la maison, coffres et armoires, qui sont dedans icelle, ce qu'il a offert et ayant commencé par la boutique, chambres de derrière jusques au jardin nous ny avons trouvé que des outils qui servent pour le metier de forgeron et ayant visité les chambres d'en haut, le grenier les dessous des lits les coffres armoires et fait fouiller mesme tous les réduits de la maison, ensemble le chay, il ne si est rien trouvé qui puisse induire aucune fabrication d'espèce d'or ni d'argent ny autres monnoyées, et telle recherche a esté faite en présence dud. A. Mongiou, et assistans susd. qui ont signé avec nous (Signé :) Candau, cons., Du Boy forgeron. Batsalle Lahitte, jurat. Badière jurat. Rachou jurat. Labaig jurat. De Serres pnt. De Cassou pnt. Palette.

Continué le 7e octobre 1708 après avoir entendu la sainte messe. Nous comre susd. accompagné de nostre greffier et de Mes de Labaig, Badière jurats et de Paul Darribeaux greffier au senechal, Jacob de Touya procureur aud. senéchal que nous avons pris pour tesmoins et sur l'indice que nous avons trouvé dans les auditions des premiers témoins, nous serions transportés au chateau et dans la cuisine d'iceluy indiquée et à l'entrée nous avons trouvé le nommé Rontignon, concierge dud. chateau (1) auquel nous avons fait entendre le subject de nostre transport et sommé de nous indiquer l'endroit où certains particuliers ont fait des fontes et fabrications d'espèces, lequel nous a respondu qu'il n'y a personne qui est fait aucune fonte, ni aucune fabrication d'espèces, qu'il est pourtant veritable que les nommés Joly et Courbières fondeurs de cloches ayant désiré faire quelque fonte pour faire des cloches, auroient fait deux creux dans lad. cuisine pour y faire les fourneaux et les ayant faits ils les laissèrent dans cet estat et s'en allèrent du costé de Bigorre, lesquels deux creux nous avons observé estre sur le milieu du sol

---

(1) Il avait succédé à Henri de Mirassou décédé le 29 octobre 1693 *(Etat-civil)*; en 1717 il occupait la chambre basse *(Arch. mun.*, BB 13, fo 92).

de lad. cuisine et ayant parcoureu les réduits et environs dud. chasteau nous ny avons trouvé nulle indices et marques ny instrument qui eut peu nous faire présumer qu'aucune espece d'or, d'argent, ny autres monnoyes y puissent avoir été fabriqués ; de quoy notre procédure demeurera chargée, que nous avons signé avec lesd. jurats, tesmoins et notre greffier. Candau cons[r], Labaigt jurat. Forsans. Badière jurat. Ribeaux présent. Touya present. Palette.

Continué le 8e du présent mois d'octobre 1708 à 10 h. du matin. Nous commissaire susd. Palette nostre greffier estant occupé de notre ordre au soin de la découverte des instrumens et oultis qui seront cy dessous espessifiés, nous avons prins pour ne pas perdre de temps Pierre de Guiroye comis au greffe qui sest trouvé sur les lieux pour escrire sous nous la presente procedure, et en execution de notre ordonnance rendue dans le cahier de l'instruction, et ensuite de l'audition de David de Massoué ayant mandé par Lardoeyt hiussier Badière jurat qui a l'instant est venu nous joindre avec Lahite et Rachou, jurats, nous nous serions tous trois portés dans l'endroit de la Moutete indiqué par led. Massoué témoin que nous avons fait venir a notre suite pour nous indiquer plus précisément lendroit ou il avoit veu que led. de Marque oncle et neveu prestres jettoient les pièces des pots dont il a parlé dans son audition, ce qu'il avoit fait et conduits derrière la maison apartenante aud. de Marque séparée du meur qui ferme la ville, dans lequel meur il y a une porte qui repond a la basse cour dud. Marque et a la terrasse qui est le long dud. meur, et sur le bas de la terrasse il y a un fossé, où les eaux pluviales croupissent y ayant un grand enfoncement remply des eaux noires et puantes, et la estant nous avons tout d'un coup remarqué qu'en bas lad. petite terrasse, et au long de ce fossé il y avoit des pièces de creusets de terre, que nous avons faites ramasser et qui indiquent suivant qui nous a esté certifié par tous les assistans en grand nombre, que ces pièces de crusets auroient servy pour y fondre des matières, ce qui nous a obligé d'ordonner aux jurats de fournir des personnes pour entrer dans ce bourbier ou il y avoit trois pams de hauteur d'eau et de boue, lesquels jurats ayant fait venir les nommés Lay, Labat taneur, Boulan et Basin aussi taneurs, Pierre de Ste Cluque et Courdié tisserands, nous leur avons ordonné de se tirer leurs bas et culotes pour entrer dans led. bourbier pour chercher avec leurs pieds la dedans sil y avoit aucun instrument oultis, ny ferremens qui ayt peu servir à fabriquer lad. fausse monnoye, lesquels estans entrés dans led. bourbier y ont trouvé diverses pièces qu'on a dit estre de pierre douce et de plastre, les unes entieres et les autres en pieces rompues et persées en divers endroits de trois ronds, ce qui nous a encore obligé d'ordonner aux susd. personnages de faire quelque saignée en bas pour faire decouler l'eau ; et n'ayant pu y reussir, nous leur avons ordonné de jetter lad. eau avec des peles de bois, ce qui a esté fait, a quoy ils ont été occupés jusqu'aux 4 heures de relevée, et leau ayant esté vuidée de plus que des deux tiers on a parcouru plus facilement led. endroit dans lequel on y a trouvé d'autres pieces d'une espesse de crusets, d'autres pieces de pierre douce et de plastre, les unes entières et les autres en pièces, on y a encore trouvé en trois différents endroits trois grosses pièces de fer, les deux qui sont en forme déstocq (1), et l'autre plate ou il y a trois trous, l'un au milieu et les deux autres aux deux bouts, en lun desquels il y a sept aneaux de fer atachés avec une espesse de corde, ou jarretière dont le tout indique avoir servy a la fabrication des espèces daryent ; il y a encore esté trouvé deux petits mourceaux de crasse de matiere inconnue, lesquellesd. pièces de fer et susd. mourceaux de crusets, et pièces de pierre douce, dont il paroit que les unes ont servy a jeter des lames d'or ou d'argent, ensemble lesd, deux mourceaux de crasse, nous avons fait porter dans notre logis et mis le tout dans un armoire fermé à clefs, que nous avons remis en main de notre greffier, pour estre les susd. pièces portées au greffe de la cour pour servir à l'instruction entière de la procédure et voyant l'induction prinse de laudition dud. Massoué confirmée par la découverte des susd. instrumens et ferrements, et veu l'arrest de la Cour portant notre commission pour pouvoir arrester ceux que nous trouvrons en soupçon de la fabrication nous avons ordonné a Rachou jurat et à Lardoeyt huissier sur les premières indices que nous avons trouvées des crusets, lesquels il paroit avoir servy pour y fondre des matières de se transporter dans lad. maison de Marque pour arrester led. de Marque, aussy bien que le neveu prestres et les conduire dans notre logis atendans qu'il sy fasse quelqu'autre decouverte et elle s'y estant faite nous estant retiré dans notred. logis, y ayant trouvé led. de Marque oncle et neveu ,lesd. de Rachou et de Lardoeyt, nous avons ordonné à ces deux derniers de mener lesd. de Marque prestres dans les prisons les plus convenables de leur hostel de ville, ce qui a esté fait sur le moment, après quoy et sur le tard, le sieur de Casalis maire sestant retiré de la campagne, à ce qu'il nous a déclaré, ensemble lesd. de Lahite, Rachou et Badière jurats estant venus dans notre chambre ,nous leur avons ordonné de metre de bons gardes pour sassurer des personnes desd. de Marque ,prestres, à peine d'en repondre en leur propre et de fournir

(1) *Estoc* est un instrument des ouvriers qui travaillent en fer et aux ouvrages qui demandent quelque poliment. Il sert à tenir leur matière pour la limer, percer et façonner (TRÉVOUX).

demain quatre recors fidels et a cheval pour accompagner led. de Lardoeyt aux fins de traduire lesd. de Marque dans la conciergerie de la cour en seure et bonne garde, ce qu'ils ont promis de faire exactement ; de quoy nous avons dressé notre procès verbal ; iceluy signé avec les. maire et jurats susd., notre greffier et led. de Guiroye, ce fait nous nous sommes occupés à la continuation de l'information (Signé :) Candau cons^r^. Casalis maire. Badière jurat. Rachou jurat. Batsalle Lahite jurat. Guiroye.

Le 9^e^ octobre 1708 Nous com^re^ susd., veu l'indication faite par l'arrest, que Pierrine Haurou surnommé Peyraube, Pitras cadet chauderonnier, le forgeron logé a Mongiou proche l'hospital ,sont soubçonnés davoir presté leur ministere pour la fabrication des fausses espèces, veu encore la descouverte de partie des outils et ferremens et les preuves résultantes des informations et que le nommé Jean Duplaa forgeron qui loge dans la maison de Balansun, est pareillement indiqué dans lad. information pour avoir fourny sa main pour faire des ferremens, nous avons mandé les s^rs^ de Lahitte et Rachou jurats qui sont venus nous trouver, nous leur avons ordonné d'arrester lesd. Pierrine Haurou, led. Pitras cadet, les forgerons de Mongiou et Duplaa ce qu'ils ont promis de faire et sont partis sur le moment, et ont pris les nommés Bearnes huissier audiencier et Peyrigue baile, lesquels se sont transportés dans les maisons desd. Haurou, Pitras et forgeron de Mongiou et les ont amenés dans notre chambre ou nous leur avons ordonné de les conduire dans leurs prisons de l'hostel de ville, pour estre traduits demain en bonne et seure garde dans la conciergerie de la cour, et de les faire garder cette nuit, à peyne d'en respondre en leur propre, et de les separer ce qu'ils ont promis de faire et de fournir des gens pour la traduction et nous ont raporté qu'ils ont esté dans la maison dud. Duplaa forgeron qui s'est trouvé absent de sa maison et qu'ils en feront recherche et l'arresteront s'il peut estre appreendé et lesd. jurats ont signé avec nous (Signé) Candau con^r^. Batsalle Lahitte jurat. Rachou jurat. Palette.

Led. jour 9^e^ octobre 1708, Lafitte et Rachou jurats de la presente ville ont rapporté que ce matin, avant la traduction desd. de Marque prêtres, Lardoeyt huissier estant venu dans l'hostel de ville ou lesd. de Marque estoint detenus, et leur ayant dit qu'il estoit dans l'obligation de les fouiller et faire inventaire de ce qui se trouveroit sur eux suivant l'ordonnance et led. huissier les ayant interpellez d'estre present, ils ont remarqué aussy bien que led. huissier, que led. s^r^ de Marque oncle ayant mis sa main a la poche, il se seroit aproché d'une fenestre qui respond au jardin de Laborde-Argaust (1) et auroit laissé tomber quelque chose du costé dud. jardin, et eux suivant le deub de leur charge auroint esté aud. jardin en compagnie de Palette nostre greffier, qu'ils avoint rencontré au devant de l'hostel de ville, lesquels auroint trouvé aud. jardin le long de la muraille dud. hostel de ville, vis à vis lad. fenestre quatre petits morceaux dispersés d'une espèce de fonte, l'une qui est plus mesnue que les autres, lesquelles ils ont remis en main dud. de Palette greffier, de quoy ils ont dressé leur procédure qu'ils ont remis, demandant leur en octroyer acte, sur quoy nous avons ordonné que lad. procedure remise par lesd. jurats demeurera jointe a la presente, pour l'instruction du procès. (Signé :) Candau con[r]. Palette. *Videat et concludat procurator generalis* (2).

Avec la précision d'un esprit juridique, Saint-Macary pose nettement la question dès le début. Le crime de fausse monnaie fait perdre à un accusé le privilège de clergie et le rend dès lors justiciable du parlement.

Dès l'abord se dessine le mouvement que nous allons voir s'accentuer en faveur des inculpés. Le commissaire enquêteur est taxé de partialité. Le 20 octobre, Saint-Macary écrit au contrôleur : « Les outils et machines servant à la fabrication de la fausse monnaie ayant été portés au greffe du parlement, on interrogea hier les prêtres et aujourd'hui on vient de leur régler le procès par récolement et confrontation ». Jean Duplaa, forgeron, fabricant de machines s'est sauvé vers le Labourd et le subdélégué se donne à sa poursuite : « persuadé, écrit-il, si je ne suivais pas les traces de cet homme que l'exemple qu'on en doit espérer ne serait pas aussi éclatant qu'il doit être ; du moins s'il a passé en Espagne, nous aurons la satisfaction de le voir hors d'état de troubler le commerce par cette fausse monnaie ». La Grand Chambre ne connaîtra pas de l'affaire, car l'instruction ne sera pas achevée avant la Saint-Martin et alors la Tournelle la retiendra, si les prêtres ne demandent pas leur renvoi en grand chambre « et si la complaisance s'en mêle » (3).

(1) Les Laborde-Argaut possédaient la maison portant le numéro 20 de la rue Bourg-Vieux, située en face du 21. Elle appartient aujourd'hui à Mme Ferré qui a conservé la vieille inscription : *Pev avec paix...* 1639.

(2) *Arch. des B.-P.*, B 6018.

(3) Le Parlement de Pau se composait de trois bureaux ou chambres « la grand chambre ou chambre civile s'occupant exclusivement des affaires civiles, tenant l'audience et jugeant les procès. Le deuxième bureau était un bureau de

Le 23 octobre plainte du subdélégué que le commissaire n'ait « pas fait une trop exacte recherche des machines et outils », aussi a-t-il commis les jurats orthéziens pour y procéder de rechef et leur procès-verbal des 22-23 du même mois enregistre des renseignements intéressants.

Au nom de Dieu. L'an 1708 et le 22e jour du mois d'octobre Nous, Jean de Cazalis, maire, Pierre de Labaig, Paul de Lahite, Pierre de Badière et Jean de Rachou jurats de la ville d'Orthez, en conséquence de l'ordre à nous donné par M. de St Macary, conseiller du Roy, doyen au Parlement et son comissaire subdélégué general et departy pour l'exécution des ordres de S. M. en Navarre et Béarn, nous sommes transportés dans la maison de Me Anthoine de Marque prêtre détenu dans les prisons de la Conciergerie de la Cour, pour fouiller lad. maison et voir s'il n'y avoit pas quelque instrument qui y denotat la fabrication des fausses espèces et nous aurions commencé par lever le scelé que nous avions apposé à la porte que ferme lad. maison le 10e du présent mois apres l'évasion de la servante dud. sr de Marque, duquel scelé nous aurions dressé notre procédure et l'aurions remise en main de M. de Candau comissaire de la Cour, après la levée duquel scelé nous serions entrés dans lad. maison et nous aurions trouvé à l'entrée une espèce de salon ou vestibule où nous n'aurions rien trouvé qui indiquat lad. fabrication ; de là nous aurions passé dans une petite chambre qui est à main gauche dud. salon ou nous aurions trouvé à l'entrée un fournau sous lequel nous avons trouvé un creuset ou il paroit qu'on a fondu quelque matiere et ayant ouvert un cabinet qui estoit dans la meme chambre, dont la clef étoit dans la serrure, nous avons trouvé dans l'étage d'en haut plusieurs clefs que nous avons creu estre celles qui fermoient les autres cabinets, portes et coffres de lad. maison, lesquels nous aurions pris pour nous en servir pour ouvrir lesd. portes coffres et cabinets et dans l'étage d'en bas dud. cabinet nous aurions trouvé dans un vieux bas

---

préparation d'affaires et d'apprentissage pour les jeunes conseillers. Les procès y étaient préparés et remis aux magistrats, prêts à être jugés. La tournelle jugeait les procès criminels et tenait l'audience criminelle. » En 1691, on adjoignit au Parlement la chambre ou bureau des finances par suite de l'union de la Cour des Comptes au Parlement. Créée par l'édit de septembre 1683, la Chambre des vacations s'occupait des affaires urgentes et sommaires durant les seules féries des moissons ou des vendanges, soit du 15 ou 20 juillet au lendemain de Notre-Dame d'août et du lendemain de Notre-Dame de septembre à la Saint-Martin, jour de la rentrée solennelle. En juin 1633, une chambre ecclésiastique avait été établie à Pau, par ordonnance du Roi, en dehors du Parlement; mais elle cessa vite son exercice et, en 1690, les évêques de Béarn réclamèrent en vain son rétablissement. (Delmas. *Du Parlement de Navarre et de ses origines.* Pau, Dupuy, 1898, in-8°, pp. 124-5, 141).

noir, un petit cahier soubs plusieurs guenilles, manuscrit de divers caractères comprenant 49 feuilles sur la première duquel d'un costé il y a deux vers latins prets a être tournés avec les brèves et les longues marqués sur chaque voyele ; ensuite est une oraison en latin à la louange de Louis le Grand ; apres cela suivent deux ou trois termes en frances apres lesquels il y a une forme d'invocation que nous ne connaissons pas contenue en une page et demie d'écriture commençant par ces termes : « Il faut 1e avoir un verre qui n'aye jamais servy » et finissant par ceux-cy « Alles en paix au nom de Dieu soit » ; ensuite il y a plusieurs feuilles blanches et à tourner led. cahier de l'autre côté la 1re page contient un terme latin, ensuite il y en a plusieurs latins et françois qui sont un abrégé d'une partie de l'histoire de France, et après led. thermes ayans tourné une feuille blanche on void plusieurs réceptes dont la 1re commence par ces mots eau teignant l'argent en couleur d'or, la 2e manière de changer l'argent en or, desquelles réceptes contenues en onze feuilles la dernière est intitulée scel commun fondant ; ensuite nous aurions passé dans un réduit joignant lad. chambre, lequel est sous une galerie ou nous aurions trouvé dans de la poussière une pièce de cuivre de la grandeur d'un denier marquée comme des piesses de 7 s. 9 d. et un petit mourceau de rougnure de cuivre, ce qui nous auroit obligés de faire transporter toute la poussière qui est dans led. réduit au milieu de la basse-cour pour la faire fouiller avec soin ; ce qui ayant été fait on y auroit trouvé un mourceau de matiere inconnue ; nous serions ensuite rentrés dans lad. maison et dans un endroit à main droite où l'on met les cruches et la vaissele ou nous aurions trouvé sur une planche attachée à la muraille une grande auis de fer de pres d'un pam dans le bout de laquelle il y a un trou carrè long, plus une petite auis aussi de fer, un mourceau de matiere, un autre meslé avec de la crace, deux mourceaux de fer, l'un de demy pam de longueur carré finissant en pointe d'un costé, et de l'autre rond, et plat et uny, du bout un peu rouillé, l'autre rond et plat, avec une cüe d'un plat carré de la longueur d'un pousse au milieu dans le mesme endroit nous aurions trouvé sous une barrique que nous aurions fait lever 22 pièces rondes de trois ou quatre différentes grandeurs parmi lesquelles il y en a une d'une couleur rousse et lesquellesd. piesses paroissent avoir esté limées et il y en a plusieurs qui paroissent avoir esté marquées de la marque des piesses de 15 s. 6 d. avec un mourceau de lame de cinq travers de doigt de longueur et d'un pouce de largeur avec plusieurs petits mourceaux de matiere, le tout envelopé dans une feuille de papier escrite des deux costés en latin contenant des matières teologiques avec un fragment de letre signée de Quincam, lesquelles piesses et matieres nous aurions remis dans lad. envelope que nous avons liée avec du fil ; de là nous sommes allés dans une espèce de sale qui est derriere led. salon ou l'on avoit fondu des cloches, où nous aurions trouvé derrière la porte dans un trou qui est dans la muraille fait pour y mettre une barre pour fermer lad. porte un mourceau de cloche, plus un mourceau de matiere où il y a deux marques rondes d'un costé, plus un autre mourceau de matiere a nous inconnue ; ensuite ayant monté le degré nous aurions trouvé dans le cabinet du s[r] de Marque une petite fiole à demy pleine d'eau forte et ayant passé dans une petite chambre joignant led. cabinet, nous aurions trouvé dans un trou, qui est dans la muraille une petite barre de fer fondue au milieu avec deux petits trous ronds, plusieurs petits mourceaux de matière diverses à nous inconnues qui nous avons envelopé dans un mourceau de papier blancq, et sur la muraille à main droite de la cheminée de lad. chambre nous aurions trouvé une lime et une piesse marquée au coing d'Espagne et sur le foyer de lad. cheminée une lame de cuyvre d'environ cinq doigts de longueur et d'un pousse de largeur et la nuit estant venue nous nous serions retirés et aurions fait fermer toutes les portes et fenestres de lad. maison et scelé la porte comme elle l'était auparavant et emporté lesd. matières, instrumens et piesses que nous aurions trouvées, le tout en présence de Me Pierre de Trouilla procureur, Jacques de Gachets dit Marmande, Mathieu de Testevin, Daniel de Bibaron, Pierre Maupoey dit Candie taneurs, Abraham de Mestejuan et Pierre de Loustaugros, charpentiers, habitants de lad. ville qui ont signé avec nous la présente procédure, sauf led. de Maupoey qui a déclaré ne sçavoir escrire et nous avons renvoyé la continuation d'icelle à demain. A Orthez led. jour et an que dessus. [Suivent les signatures].

Et aduenu le lendemain 23e dud. mois nous d. maire et jurats nous sommes de nouveau transportés dans lad. maison de Marque à 8 h. du matin avec lesd. témoins et ayant fait chercher dans une espèce de basse-cour qui est sur le derrière de lad. maison, nous aurions trouvé parmy des orties dans led. endroit entre la muraille de lad. maison et le meur qui ferme la ville un mourceau de fer percé en dedans d'un pam de longueur qui semble un mourceau de canon de fusil, plus deux piesses de fer de 6 travers de doigt de longueur chacune et d'un pousse de largeur, ayant chacune un trou à chaque bout l'une desquelles a lesd. deux trous en escroue et fort près de là, nous avons trouvé le long de la muraille qui sépare la cave du sieur de Capdeville avec lad. basse-cour à deux pas de la porte qui est dans le meur de la ville aussy parmy des orties un cruset ou il paroist qu'on a fondu de la matière dans lequel il y a deux mourceaux de crace attachés en dedans et plusieurs en-dehors ; de là, nous sommes entrés dans l'écurie ou il y avoit quantité de bois à brûler que nous avons fait remuer et changer de place sans que nous ayons rien trouvé qui desnotat la fabrication et ayant parcouru generalement tous les coings et recoings de lad. maison nous n'y aurions rien trouvé de suspect, et estant entrés de nouveau dans le chay, nous y aurions trouvé une espèce de vieille cuillere de pot, qui semble un escumoir et dans la chambre d'habitation ou estoit led. fourneau nous aurions trouvé un jet de matière et un petit mourceau de cuivre entre le plancher et un souliveau qui est sur la fenestre et dans led. salon sur une petite fenestre qui donne sur la basse cour de devant nous y aurions trouvé un avis de fer denviron 5 travers de doigts et de tout ce dessus nous aurions dressé la presente procédure pour estre envoyée en la Cour avec les susd. pièces instrumens et matières le tout en présence des témoins.....

A Orthez lesd. jour et an que dessus.[Suivent les signatures] (1).

Saint-Macary signale surtout le cahier qui contient « la conversion des métaux avec les formules d'invoquer les démons » et la fuite d'un bourgeois soupçonné « d'avoir fait débiter cette monnaie en Espagne où il fait assez grand commerce, qui a quitté la ville ». Il détient dans les prisons royales les deux Marque, Pierre de Haurou dit Peyraube, Bernard Pitras, François du Boy dit Monyou, Bernard Maracle ; Jean Duplàa a pu s'enfuir ; Jacques et Jean Peyret, Labat, Cousiet, Laborde, Lamothe et Lagardère se sont soustraits aux poursuites.

En l'absence de messire François de Bertier, chevalier, conseiller du Roi en ses conseils, premier président du parlement, Arnaud de Casaux, seigneur d'Artix, ancien substitut du procureur général à Paris, devenu président à mortier à Pau, depuis le 31 janvier 1707, à la place de Du Pont, son beau-père (2), s'occupait de l'affaire, durant les vacations, pour la mettre en état de recevoir jugement à la rentrée. « Il y a apparence, écrit le doyen le 5 novembre, qu'elle est plus importante qu'il ne paraît et il n'est pas aisé de penser que ces deux prêtres aient entrepris une chose comme celle-là sans des relations plus étendues que celles qui paraissent jusques aujourd'hui ; dans cette vue il a été ordonné que le même commissaire qui se transporta à Orthez irait

(1) Les archives d'Orthez sont muettes sur ces faits. Nous n'avons, il est vrai, que des délibérations du corps de ville pour cette époque.

(2) *Armorial*, t. I, p. 64.

informer dans divers endroits de la province et il faut qu'il ait reçu de nouveaux mémoires ; car il a envoyé à la conciergerie deux nouveaux prisonniers. » Le doyen n'a pu les faire interroger à son tour faute de posséder les pièces de l'enquête qui se poursuit.

Fort heureusement les jurats d'Orthez avaient mis la main sur le corps d'un délit « qui demeurait équivoque par la première procédure ». Les prêtres voulurent nier avoir jamais connu les objets qui leur furent représentés. Deux témoins soutinrent devant eux avoir reçu en paiement deux louis d'or faux, qu'ils signalèrent pour tels et qui leur furent remboursés sur le champ : ces pièces auraient été jetées à la rivière et d'autres perdues. Les confrontations se succédaient quotidiennement et en deux ou trois jours l'information pouvait être close. Mais il importe de trouver les complices « car il est bien certain qu'il y a des gens considérables intéressés là-dedans. On leur donnera du poison pour peu qu'on se relâche de veiller sur eux ».

Le 13 novembre Saint-Macary mande que le forgeron fugitif a pu mettre les Pyrénées entre la justice et lui. Il y a de plus tout lieu de craindre que les prêtres se laissent juger par la Tournelle seule : « Je n'y serai pas, ajoute-t-il, les doyens n'y passant presque jamais, sauf si le Roi me donne même autorité qu'aux intendants avant M. Méliand qui y passèrent lorsque le service du Roi le requérait. Or le Roi m'honorant de remplacer M. Méliand peut le prescrire » (1). Sur avis favorable du Contrôleur général il soulèvera l'incident, car il est plus naturel de voir un doyen du Parlement passer à la Tournelle qu'un intendant, simple maître des requêtes et partant simple conseiller d'honneur.

Le 17, il envoie la liste des magistrats, le département des Chambres ayant été arrêté le 12, lendemain de la St-Martin. Sa qualité de doyen lui interdit de formuler un avis sur chacun d'eux, sauf le cas d'un ordre exprès : « D'ailleurs, ajoute-t-il, il me suffit de vous dire que le parlement n'est

(1) Ceci peut paraître étonnant en présence de l'ordre du Roi, enregistré par le Parlement, autorisant l'intendant à assister et prendre part au jugement des procès criminels. (*Arch. des B.-P.*, B 4539, 1685-7).

plus composé que de beaucoup de jeunesse, presque sans expérience et sans littérature ». M. Guyet, ancien intendant à Pau, devenu intendant des finances depuis 1704, le pourra faire. Avec d'Esquille, président, en l'absence de Bertier, « il est comme certain que ces coupables sont en sûreté ; l'un de ces prêtres a été précepteur du baron de Laur (1), ce dernier et un de ses frères appelé le chevalier sont actuellement en ville pour solliciter la cause de leur percepteur et les

(1) Divers dossiers de la Bibliothèque Nationale contiennent des renseignements sur la famille de Laur qui semble avoir manifesté des velléités de se rattacher à une autre famille de même nom, au diocèse de Castres, dont un membre aurait reçu un don de Charlemagne. Le baron dont il s'agit est Isaac de Laur, baron de Lescun et de Bonnegarde, seigneur de Salles, des châteaux et seigneuries de Cours, Despres et Vellignan ancien exempt des gardes du corps, ancien capitaine au régiment de Dragons, fils de Philippe de Laur, qui produisit les preuves de sa noblesse devant Lartigue, conseiller du Roi, commis pour la recherche des usurpateurs de noblesse par arrêt du Conseil d'Etat du 11 novembre 1669 (*Bibl. Nat. : Dossiers bleus*, 386 (Fr. 29931) nº 10378). A la mort de Philippe, survenue à Bordeaux en 1705, Isaac avait pris les titres et qualités de son père et devint capitaine et gouverneur de la ville et château d'Orthez. (*Arch. mun.*, BB 12, fº 21, 16 mai 1707, fºs 25, 27) : il décéda au château de Sallespisse, le 17 février 1712, âgé de 45 ans, ainsi que le témoigne l'inscription funéraire encastrée dans le mur derrière la chaire de l'église de ce village, laissant pour successeur Charles-César, l'un de ses frères, qui, la même année, épousait Marie-Marthe de Faget, d'où : Jeanne-Marie, mariée en 1736 à me sire Joseph, baron de Sault ; 2º Charles-Daniel, l'aîné, qui avait pris le petit collet en 1741 ; 3º Alexandre, le puiné, destiné à relever le nom et les armes. Mais comme si prendre le petit collet impliquait humilité jusqu'à l'effacement, les généalogies omettent les noms des abbés frères de Philippe et d'Isaac. Cependant, à en croire les mémoires du XVIIIe siècle, ce dernier aurait su intriguer à Paris, se pousser habilement et assez avant dans l'intimité du Régent. Au XIXe siècle, un abbé de Laur continuait la tradition de famille, générale alors, que chaque famille noble donnait un de ses membres à l'Eglise. Il fut curé de Sallespisse.

Les Laur, qui prouvent leur filiation jusqu'à Arnaud, en 1506, s'étaient unis aux Salles-Gachissans, propriétaires à Orthez de la maison dite récemment de Jeanne d'Albret, par le mariage de Gabriel de Laur, lieutenant du roi à Navarrenx, avec Isabeau, fille de feu Arnaud de Gachissans, seigneur de Salles, conseiller et maître d'hôtel du roi de Navarre, sœur de Jean-Bertrand de Gachissans, maréchal de camp des armées du Roi, assisté de Françoise de Vehic ou Behic, sa mère, veuve d'autre noble Gabriel de Laur (contrat du 13 juin 1657). Jacques de Laur, un de leurs fils, enseigne, lieutenant des gardes, capitaine au régiment de Navarre, gentilhomme de la Chambre du Roi, gouverneur de Navarrenx et capitaine au par-an, maître de l'artillerie de Navarre par brevet de Louis XIII des 9 et 13 août 1614, mourut, à la tête de son régiment, à la tranchée devant Montauban. — La terre de Lons était entrée dans la famille par le mariage de Jacques, père de Philippe, avec Jeanne de Lons (contrat du 3 janvier 1641) Les Laur étaient gros décimateurs d'Orthez où ils possédaient noblement les deux maisons réunies de « l'official ». — Arnaud de Gachissans était official de l'évêque de Dax au commencement du XVIe siècle (E 1268) — et de « Maurin » rue du Bourg-Neuf et rue qui va à l'église Saint-Pierre, près de la boucherie (*Arch. mun.*, CC 2, fº 113 ; *Arch. des B.-P.*, C. 1047 fº 9) : aujourd'hui maisons de M. Delorme, ferblantier. Ils étaient les ennemis nés, de fait, des Orthéziens par suite de l'exercice de la charge de gouverneur de la ville et du château conférée à Philippe ou Philippin Henry de Lons, par lettres patentes du 14 mai 1701 en succession au marquis de Lagarde de Monluc Marsencome (*Arch mun.*, BB 11, fº 81).

sieurs de Candau-Péborde, Bordères (1) et Blair sont leurs proches parents ; Labourt est un jeune ecclésiastique (2) qui a été nommé par l'évêque diocésain pour instruire la procédure avec Hereter (3) un de nos conseillers ; ce dernier a passé lors de l'union de la Chambre au Parlement ; je ne sais pas trop s'il entend bien les finances, mais pour la procédure criminelle il ne lui est guère permis d'en connaître les règles ; le sieur de Bonnecaze (4) est un jeune homme qui a été aussi disciple de ce prêtre ». Les prébendés étaient ravis d'avoir une chambre de la Tournelle, composée de telle façon, mais l'Etat n'y saurait trouver son compte. Bertier rentrant le 25 on avisera. Or, partout, les matières édictales sont de la compétence de la Grand Chambre. Il convient donc d'en référer au roi pour que le parlement de Pau se conforme aux usages de France. A bien plus forte raison la Grand Chambre paraît-elle saisie de cette affaire puisque la Chambre des vacations en a commencé l'instruction.

Le lendemain, le Contrôleur général recevait une lettre de Lichigaray, écrite d'Orthez, sous le sceau du secret, *veritas enim odium parit*, ajoutait ce bourgeois qui avait des lettres : il y était dit « que M. de Bonnecaze avait été disciple de l'oncle ; que M. d'Hereter lui a l'obligation du mariage de son fils (5), étant certain que, sans ses intrigues et celles

---

(1) Daniel de Bordères, seigneur de Mazères, avocat, reçu conseiller le 19 juillet 1707 en remplacement de son père (*Armorial*, t I, p. 236).

(2) Jean-Pierre de Labourt, conseiller au parlement, vicaire-général de Lescar (*Armorial*, t. I, p. 25) et de Dax. Nous ne pouvons donner ici un exposé des avantages que le privilège de clergie conférait aux ecclésiastiques dans l'ancien droit. Disons seulement qu'à l'époque on se placent les faits que nous racontons, lorsque l'affaire à instruire constituait un crime grave, elle venait de droit devant le parlement, mais l'usage conférait à l'évêque diocésain le droit de choisir un conseiller-clerc du parlement pour représenter, dans le procès, la juridiction ecclésiastique (ESMEIN, *Histoire de la procédure criminelle en France*, Paris, Larose, 1882, in-8°, p. 245). M. DELMAS affirme (*le Parlement de Navarre*, p. 114, note 1) que le parlement de Pau n'avait pas de conseillers-clercs bien que comprenant des clercs parmi ses membres. C'est vraisemblablement à l'un des conseillers qui était d'église que l'évêque confiait le soin de le représenter dans les causes intéressant des ecclésiastiques.

(3) Raymond d'Hereter, ancien conseiller à la Chambre des Comptes, seigneur de Serres. (*Armorial*, t. I, p. 41).

(4) Michel de Bonnecaze, fils d'Etienne, conseiller au parlement, et de demoiselle Marie Darrigrand-Castéra, d'Orthez, reçu le 10 juin 1707, à la place de son pére. Leurs maisons étaient situés à Orthez, rues Pelains et Espagnous (*Armorial*, t. I, p. 27).

(5) Jean-Henry d'Hereter avait épousé Sarah de Sarabère. Le 3 juin 1715, il remplaça son père comme conseiller. Il était baron de Miossens et seigneur de

de la sœur de Vignau qui était bonne amie de cet homme, jamais ce mariage n'aurait réussi et vous savez sans doute, Monsieur, comment il lui a été profitable et avantageux et je sais que toute la parenté a écrit à M. d'Hereter et qu'elle s'intéresse capitalement et pour l'un et pour l'autre de ces prévenus. Que M. de Bordes (1) a juré au marin [le chevalier de Laur] que de sa vie il ne condamnera celui-ci ni autre criminel à mort ni peine infamante ». De Candau-Pébordc, l'enquêteur, est désolé de ce qui a été trouvé, n'étant parvenu lui-même à rien découvrir.

Antoine de Marque, aîné, se fit signifier une requête et un billet de M. de Carsuzan (2) : sur l'exploit il reconnut l'écriture et le seing et de la sorte, on pourra aisément savoir de qui, oncle ou neveu, est l'écriture du cahier de théologie. Saint-Pau et Badière (3), notaires d'Orthez, ont retenu des actes des prévenus surtout en leur qualité de fermiers des prébendiers d'Orthez : « ces deux honnêtes hommes en sont titulaires ; il sera aisé de faire établir par le tisserand que le soin de faire le drap lui était commis ». Lichigaray parle trop souvent de façon allégorique et, à la distance de deux siècles, nous ne pouvons que difficilement suivre un long raisonnement en style peu intelligible pour nous, en regrettant que dire la vérité lui ait inspiré quelque crainte.

Le 20 novembre, le pouvoir royal renvoyait à Pau une lettre qui était adressée d'Orthez où l'on voit que les accusés « remuent ciel et terre pour se mettre à couvert de cette poursuite ». Ordre est par lui donné de porter l'affaire à la Grand Chambre. Mais, tandis que le mandement cheminait

---

Serres. Jean de Vignau, vice-sénéchal de Navarre, était l'époux de Marie d'Hereter : ils furent parrain et marraine de Marie d'Hereter, troisième enfant des précédents (*Armorial*, t. I, p. 327).

(1) Pierre de Bordes, avocat, puis conseiller, fils de noble Pierre de Bordes, seigneur de Rontignon, conseiller, et de Marie de Belça : il fut reçu le 16 décembre 1695 (*Armorial*, t. I, p. 51).

(2) Noble David de Carsuzan ou Carsusan, alias du Camp-Anglade, ou simplement Anglade, jurat d'Orthez, époux de Catherine de Noïibos (*Armorial*, t. I, p. 280).

(3) Les Dufau, dans leurs manuscrits de droit que je possède, donnent au mot *Notaire* la liste de ces officiers ministériels à Orthez de 1600 à 1728. Etienne de Saint-Pau et Badière s'associent de 1686 à 1691, de 1698 à 1702 année où Badière devient jurat, de 1707 à 1708 Badière redevenant jurat,

vers sa destination, le subdélégué informait le contrôleur que la Tournelle maintenait ses prétentions : « il est à croire que ces prêtres n'étaient pas seuls : ils ont bien des choses à découvrir », mais qu'il est difficile de mettre la main sur les complices ! Il y a bien des preuves contre eux, mais ces preuves ne portent pas suffisamment et la conjoncture est délicate.

Comme les gens de volonté, que la contradiction excite à la poursuite, Saint-Macary s'obstine, ignorant peu combien le pouvoir royal estime nécessaire de punir ces crimes. A Versailles, on prend souci de ces difficultés, car les dépêches portent la mention officielle « en parler aujourd'hui ; m'en parler. » Le 4 décembre le subdélégué mande que Dominique de Mesplés, ancien avocat-général, fait prendre copie de la procédure pour l'adresser au Contrôle ; quant à lui, il continue son enquête. On va confronter les prébendiers avec un serrurier « de sa terre de Départ »; et ce témoin leur dira que l'un d'eux lui a porté un outil à racommoder, reconnu à usage de fabrication de fausse monnaie, mais l'artisan honnête lui indiqua la porte, ajoutant que s'il ne détalait promptement, il « criera sur les toits » la chose. Un petit mercier d'Orthez déposera que ce prêtre lui acheta quelque quincaille, payant en monnaie de dix et de vingt sols qui, ayant été reconnue fausse, fut sur le champ remplacée par un quart d'écu. Sitôt accomplie l'arrestation, deux négociants d'Orthez, qui traitent des affaires avec l'Espagne, ont quitté la ville. On croit encore que le curé de Bonnut en Guienne (1), étroitement lié aux prêtres, pourrait être leur complice ; « mais ce n'est qu'une opinion ; il faut espérer que le chapelet se déliera bientôt. » Le subdélégué de M. de Bâville, intendant à Toulouse, a arrêté « des expositeurs de fausse monnaie » ; il sera utile de savoir s'ils avaient des accointances avec les prébendiers (2).

Le 9 décembre, Lichigaray informe Saint-Macary que le serrurier de Départ aurait manifesté le désir de revoir les

---

(1) A cette époque, Léonard de Faget était curé de l'église Saint-Martin et Jean d'Abadie de l'église Sainte-Marie.

(2) Des recherches pratiquées aux archives de la Haute-Garonne sont demeurées sans résultat.

outils pour les reconnaître, sans avoir pu obtenir cette communication des commissaires. Jean de Casalis, maire, « étant acaré (1) au neveu m'a dit que M. le Commissaire ecclésiastique sur ce qu'il voulait objecter, lui dit de ne rien dire, et que s'il parlait il se ferait du mal plutôt que du bien. » Le désir, ajoute-t-il, est évident de faire avorter l'affaire pour nuire au subdélégué. Le 11 décembre Saint-Macary déclare à son chef qu'une enquête, avec les résultats qu'elle a fournis, suffisante partout ailleurs, ne l'est pas à Pau : « le juge ecclésiastique les favorise à merveille. » Le 14, on sait que Bertier, le Premier, est rentré depuis une huitaine, ayant trouvé la lettre du Roi que d'Esquille avait bien vue. Il en a donné communication tout aussitôt. Devant cet ordre de se dessaisir en faveur de la Grand Chambre, la Tournelle, présidée par d'Esquille, a décidé d'élever des protestations. Les anciens règlements ne lui enlevaient pas la connaissance des crimes de fausse monnaie, mais on peut alléguer deux cas en faveur de l'opinion contraire où, par suite d'une inculpation d'ecclésiastiques, on a réuni les deux chambres. Il sera bon d'agir de même façon en l'occurrence, car les conseillers croiraient sinon que le doyen, leur confrère, cherche à indisposer le pouvoir contre eux. L'incident est d'importance et le lendemain Saint-Macary reprend la plume pour signaler quelle mortification a éprouvé d'Esquille à la réception de cet ordre royal, dont il s'est plaint au Premier, à Mesplés, au subdélégué même qui, judicieusement, observa qu'on ne saurait demander compte au Roi de son opinion et, ayant le tour d'expression naturellement imagé, ajouta : « que le pot n'était pas en droit de dire au potier, comme disait les lettres saintes, *quare me fecisti sic.* » En 1681, le Roi avait bien ôté la connaissance de certaines affaires au parlement pour la donner à l'intendant : le Béarn et la Navarre dépendaient alors de l'intendance de Guienne (2).

(1) Accarer, dit TRÉVOUX, terme du palais. Confronter les témoins et les criminels. On se sert de ce mot principalement dans les provinces voisines de l'Espagne ; et il vient de *cara*, qui en espagnol signifie la tête ou le visage de l'homme. BÉLA mentionne plusieurs fois ce terme : accaré, accarements. Aussi *accarer* les accusés c'est les mettre tête à tête. LESPY (*Dictionnaire*, t. I. p. 10) cite le mot *acara* dans le même sens, le prenant sans doute pour un terme de procédure béarnais.

(2) Faucon de Ris, intendant de Guienne, eut notre province dans son dépar-

Enfin le président de la Tournelle veut savoir qui le suspecte (1).

C'est le triomphe de l'intendance qui amenait, une fois de plus, le pouvoir central à son sentiment. Une conclusion rapide et énergique allait suivre. A l'audience du 8 janvier 1709 le registre du Parlement inscrivait le prononcé suivant :

« Ledit jour, M. de Mesplés (2), avocat général, apporte sur le bureau un arrêt du Conseil d'Etat portant que le Roi évoque à soi et à son conseil le procès qui s'instruit sur la fausse monnaie, entre les sieurs de Marque, prêtres, et leurs complices et a renvoyé la cause et la connoissance d'icelles, circonstances et dépendances, en la Grand Chambre et lecture en ayant été faite, a été arrêté que led. arrêt sera exécuté selon sa forme et teneur, et qu'il sera registré au présent registre pour y avoir recours le cas échéant. »

EXTRAIT DES REGISTRES DU CONSEIL D'ETAT

Le Roi ayant été informé que le proces commencé au Parlement de Pau contre quelques prêtres de la ville d'Orthez et autres particuliers, accusés de fausse monnaie, peut être décidé dans peu de temps et comme il est important de faire dans la personne desdits accusés un exemple qui puisse arrêter le cours d'un mal si pernicieux pour l'Etat et pour le public, oui le rapport du sieur Desmarets, conseiller ordinaire au Conseil royal, contrôleur général des finances, Sa Majesté en son conseil a évoqué et évoque à soy et au susdit conseil le procès commencé contre les faux monnayeurs et leurs complices et a icelles circonstances et dépendances, renvoyé et renvoie en la Grand chambre du Parlement de Pau, pour y être jugé suivant la disposition et la rigueur des ordonnances, sur les instructions et informations qui ont été faites et seront

tement de 1676 à 1682. Ceci explique comment il fit juger à Dax plusieurs Béarnais, contrairement aux lois statutaires du pays défendant de les distraire du Béarn. Les détails seront fournis plus loin.

(1) Toute la correspondance citée ci-dessus se trouve aux Archives Nationales G7 117, de même que celle qui suivra, sauf énonciations contraires, est tirée du carton G7 118. MM. de Boislisle et de Brotonne ont donné une brève analyse de certaines de ces pièces au tome III de la *Correspondance des Contrôleurs généraux des finances*. Paris, Impr. Nat., in-4°, 1907, p. 60, n° 189.

(2) Pierre-Joseph, baron dé Doumy et Navailles, premier baron de Béarn, fils de Dominique Desclaux-Mesplès, président au parlement de Navarre et évêque de Lescar de 1681 à 1719, reçu avocat-général le 23 mars 1683 (*Armorial*, I, p. 56). Il signale à plusieurs reprises le mauvais état des prisons de Pau, ce qui lui valut une vive algarade de l'intendant du Bois de Baillet, en pleine audience du parlement, le 4 mai 1683. Il n'avait que trop raison ! (*Inventaire sommaire des Archives dép.*, t. III, *Notice sur l'Intendance*, p. 20).

continuées, si besoin est, Sa Majesté attribue à cet effet et en tant que de besoin serait, aux officiers de la Grand chambre, toute cour, juridiction et connaissance et icelles interdisant à toutes autres chambres, cours et juges, enjoint à tous procureurs généraux audit Parlement de Pau de tenir la main à l'obéissance du présent arrêt. Fait au Conseil d'Etat du Roi tenu à Versailles le 4e jour de décembre 1708. Collationné. Signé Delaistre. (1)

Tandis qu'on débatait ainsi de Versailles à Pau, de l'hôtel de l'intendance au Palais, sur le meilleur moyen d'obtenir une condamnation, les prêtres se jouèrent ironiquement des conseillers en prenant une résolution qui mit tout le monde au même point.

## § II. — Fuite et Condamnation des Prébendés

A la date du mardi 12 février 1709, Saint-Macary informait le Contrôle que, le dimanche précédent, les prisonniers s'étaient évadés et certes « il n'était pas difficile de l'entreprendre avec un concierge aussi hardi que celui qui sert, lequel n'est certainement pas à l'épreuve d'un écu ». Les évasions de la tour du château étaient fréquentes, passées quasi de mode, et en 1629, 1633, 1644, 1648, 1649 et 1672, pour ne parler que des grandes dates, les archives mentionnent les réparations nécessaires pour y pourvoir (2). Saint-Macary lui-même a pu en signaler plusieurs, demander des réparations, mais, naturellement, le parlement de qui dépendaient les prisons, faisait toujours la sourde oreille. Nous voyons percer ici les sentiments intimes, sous le voile discret de l'allusion.

Le 11 février, en l'absence de l'avocat-général Mesplès, le conseiller d'Abbadie (3) se transportait à la Conciergerie

(1) *Arch. des B.-P.*, B 4547, f° 1.

(2) *Eod. loc.* B 3574, 3790, 3855, 3878, 3882. *Bulletin de la Société des Sciences... de Pau*, t. IV. [1874-75] p. 86 : évasion en 1672.

(3) César d'Abbadie-Partarrieu, ce me semble, qui, le 11 avril 1685, payait le solde du prix de sa charge acquise de Dominique Desclaux-Mesplès, évêque de Lescar (*Armorial*, I, p. 31).

pour informer. Pierre de Sendets, concierge, lui déclare qu'au point du jour, Bartet, soldat au château, s'était approché de lui pour lui annoncer l'évasion. Saint-Louis, déserteur et prisonnier, était étendu devant la porte du château, baigné de sang et regardant le haut de la tour Castellane (1), d'où une corde pendait vers le bas pour aboutir à la galerie répondant aux privés du château et à l'appartement de Madame de Rébénac (2). Dans cette galerie, près du privé, était Frodat, autre déserteur, prisonnier, gisant à terre, fort blessé, sans mouvement. En toute hâte on était allé quérir l'abbé de Bordes pour entendre la confession du mourant transporté dans la chapelle du château. Les deux abbés Marque et Laborde, de Rivareyte, celui-ci ayant les fers aux pieds et aux mains, avaient été visités le dimanche soir, à onze heures, dans les deuxième et troisième chambres de leur prison. Bartet avait bien entendu aussi le geôlier faire sa visite habituelle à onze heures, « frapper du marteau au haut de la tour » et fermer les portes du château entre minuit et une heure du matin. Ces déclarations furent corroborées par celles d'autres prisonniers, arrêtés avec les prébendiers ; Bernard de Pitras, qui avait la faveur de coucher à la geôle, Pierre Peyraube et François Du Boy.

M. d'Abbadie transcrit ensuite son procès-verbal dont voici la partie intéressante :

« Après quoy nous sommes montés à la première chambre dud.

(1) Les prisons ont été longtemps au château de Pau. « Lorsque Louis XIII fit son voyage à Pau, peut-on lire dans le *Trésor de Pau* (Pau, Vignancour, 1852, in-8°, p. 3), il eut la malheureuse pensée d'utiliser la partie supérieure du donjon en y logeant les malfaiteurs. Il y a peu d'années que l'on voyait encore les prisonniers, exposés à tous les regards, sur la plateforme de la haute tour, leur unique préau. » On sait que les anciennes tours d'Orthez, Sauveterre, Montaner étaient aussi affectées au dépôt des prisonniers et la Rubrique XX du Nouveau For règle les devoirs des capitaines de ces tours, dits châtelains *(castellas)*, d'où le nom de tour castellane donné à celle de Pau. Ajoutons que l'entreprise des prébendés était téméraire, car les entours du château étaient habités par une population singulière qui se prétendait exempte de la juridiction des jurats de Pau. Il y aurait là une condition juridique digne d'étude.

(2) Jeanne d'Esquille, fille de messire Jean d'Esquille, baron de Somberraute, président à mortier, et femme de haut et puissant seigneur messire François comte de Rébénac-Feuquières, lieutenant-général du Roi, représentant sa personne en son royaume de Navarre et pays souverain de Béarn, lieutenant-général de la province de Toul, ancien ambassadeur extraordinaire de S. M. auprès de S. A. Électorale de Brandebourg. Mme de Rébénac était la sœur d'Arnaud ou Jean-Arnaud d'Esquille, qui nous est bien connu (*Armorial*, I, p. 187).

prisons où estoient fermés lesd. s[rs] Louis et Frodat déserteurs et avons remarqué qu'il y a un ais qui ferme la garde robe enlevée, par ou ils peuvent avoir monté avec une corde a la seconde chambre ou estoint led. de Marque prestres et ce qui nous le confirme c'est qu'estans montés dans la seconde chambre ou estoint lesd. de Marque prestres, nous avons trouvé que lad. planche de devant qui apuyoit le siège du garde robe de lad. chambre estoit enlevé, et par ou un homme pouvoit passer facilement et ayant examiné la seconde chambre, ou estoint lesd. de Marque prestres nous avons trouvé leur lict sans linseuls n'y ayant qu'un matelas et une paillasse et qu'une planche et la troisieme chambre où estoint led. Laborde estoit enlevée ce qui nous a fait juger qu'ils estoint montés dans lad. troisieme chambre avec le secours dud. Laborde par le moyen de quelque corde et assez aisement, ayant trouvé une grosse cheze de bois au dessous et vis à vis de lad. planche enlevée et de la estant monté dans lad. troisieme chambre ou estoit led. de Laborde, nous avons trouvé au foyer et dans les cendres les menotes de fer que le geolier nous a dit estre celles que led. Laborde avoit aux mains, dont le bout de la barre estoit rompu, n'ayant pas trouvé les fers qu'il avoit a ses jambes, et avons remarqué encore qu'une planche de la quatriesme chambre ou est la chapelle estoit enlevée, par ou et en grimpant par la muraille ils peuvent avoir monté à lad. quatriesme chambre de la chapelle ou nous sommes encore alles, et avons trouvé qu'il y avoit une planche droite dans le tuyeau de la cheminée de lad. chambre par où il faut nécessairement qu'il en soit monté quelqu'un en haut de la tour ; mais aussy nous ne croyons pas que tous lesd. prisonniers ayt monté par led. tuyeau de lad. cheminée qui sest trouvé sans doute trop estroit, parce que nous avons trouvé une planche denlevée au plancher qui est au-dessus de lad. chambre, de la chapelle qui repond au haut de la tour ou ceux qui ont peu passer par le tuyeau de lad. cheminée sont montés, lesquels ensuite avec la corde ont tiré au haut ceux qui n'avoient peu passer par led. tuyeau, et ce qui nous le confirme c'est que nous avons remarqué qu'on avoit fait brusler quantité de paille dans la chambre de la chapelle sans doute pour les éclairer, et ettant arrivés au haut de la tour nous avons trouvé une corde faite avec de la toile du pays attachée à un soliveau du toict de lad. tour qui arrivoit jusqu'à la galerie, et lieux occupés par la dame de Rebenacq. Nous avons encore trouvé trois buches de la grosseur du bras et de la longueur de huit ou neuf pams chacune attachées l'une avec l'autre dont lesd. prisonniers se sont sans doute servis pour monter au haut de lad. tour, et ettans ensuite descendu nous sommes allés a lad. galerie de Rebenacq ou lad. corde reposoit de trois ou quatre pams, et avons remarqué qu'il y avoit tout auprès quantité de sang qui avoit esté versé par led. Frodat après sa chute, et y avons trouvé une paire de sabots et un mechant chapeau noir. Ce fait nous avons ordonné au concierge doster lad. corde, et de la porter au greffe de la Cour ; après quoy ayant cherché par ou lesd. de Marque prestres, et Laborde pouvoint estre sortis de lenceinte du chatteau, nous avions examiné qu'apres qu'ils ont esté dans les galeries de Rebenacq ils peuvent avoir descendu en bas les degrés du chatteau, jusqu'à une autre galerie qui répond a l'ancien partere du chatteau du coté de la monoye par ou ils sont descendu et fort facilement a la faveur du talus, ayant mesme trouvé un bonnet au bas dud. talus que le geolier a reconnu estre celuy de Laborde et de la ils ont passé dans le jardin de Sudre, où nous avons mesme trouvé des traces, et dud. jardin ils ont passé par dessus la muraille à costé de la porte qui est au coin du jeu de paume et sont allés descendre au ruisseau de Hedas aupres du pont levis des tonnelles, s'estant precepités en bas le talus à la faveur des broussailles ainsy que nous l'avions remarqué, les ronces et broussailles paroissant affessées depuis le haut du talus jusqu'en bas. De quoi faisons raport a la Cour. »

Pierre Frodat, de Cahors, âgé de 33 ans, soldat déserteur, est ensuite interrogé dans la chapelle sur le point de savoir « qui a fait la corde qui se trouve attachée au haut de la tour. — Répond que c'est le nommé Laborde prisonnier qui la faites avec les draps du lict des sieurs de Marque prestres aussy prisonniers, em bas laquelle lesd. de Marque et de Laborde sont descendus cette nuit, et luy qui repond estant voulu descendre après eux il s'est embarrassé à la corde et est tombé au coin des lieux de la galerie de Rebenacq ou il a esté trouvé. » Laborde avoit ôté ses menottes et le fer de l'un de ses pieds.

Frodat explique « qu'après que le geolier les eut visités vers les onze heures, ils se mirent en estat de se sauver, et Laborde monta par la garde robe dans la chambre de la chapelle d'ou il leur jetta une corde et les tira en haut, ensuite ils sont montés en haut de la tour par le tuyeau de la cheminée. Laborde descendit le premier, suivi des prêtres, du déserteur et de Frodat ».

Le 12, Desclaux-Mesplés mande au contrôleur général qu'une telle évasion dénote un grand courage : « ce qui est affreux, à voir la prodigieuse hauteur de la route. » Des deux autres prisonniers l'un est mort écrasé, ayant eu la tête et les reins brisés et il ajoute, en toute vérité, on n'oublie pas les incidents passés : « Je suis au désespoir d'autant que je n'ai rien négligé pour les faire tenir en sûre garde étant allé moi-même plusieurs fois en la Conciergerie de jour et de nuit pour savoir comment le concierge les tenait, n'ayant encore jamais souffert qu'il ait parlé à personne en particulier hors de ma présence. » Souvent à M. de Chamillart, au Contrôleur général, à M. d'Esquille, il a signalé le désordre de prisons qui ne présentaient nulle sécurité pour la garde. Toutes diligences ont été accomplies pour reprendre les évadés, tous les ports de montagnes ont été gardés. Par les soins de Saint-Macary Laborde a été retrouvé et a fourni des indications utiles : « sans l'absence du sieur de Saint-Macary, rapporteur du procès, les prébendés auraient pu être jugés ; des affaires du roi l'ont retenu ailleurs ; c'est un malheur auquel il n'y a pas de remède. »

Le subdélégué réclame du pouvoir central qu'il agisse comme fit en pareille circonstance Colbert lequel, en 1681, commit la connaissance d'une affaire de même nature à Faucon de Ris, intendant de Guyenne, Béarn et Navarre. Ce magistrat condamna à mort, à Dax, le 3 septembre 1681, Labaig et Poey, d'Ozenx, Peyrot dit Manescau, Angladette et Piquemilh dit Casenave, de Laa, contumax ; « ils seront pendus figurativement à une potence qui sera à ces fins dressée sur la place publique de ladite ville. » L'année suivante, le 13 juin, à Dax encore, le même intendant siégeant avec les officiers du présidial (1) déclarait Laborde convaincu du crime de fausse monnaie, ordonnait qu'il serait délivré à l'exécuteur des hautes œuvres pour être pendu après avoir été appliqué à la question afin de révéler les noms de ses complices : une amende de 300 livres lui était de plus infligée. Il était seule partie au procès, mais l'ordonnance ajoute que Hourgabe, de Sauveterre, forgeron de Bidéren, Lassalle de Bérenx et son beau-frère, Garros d'Espelette, Joannès de Suhescun, Gain de Guinarthe, Salette tisserand à Parenties,

(1) Ceci justifie pleinement la réflexion de P. Clément (*Histoire de Colbert*, déjà citée, p. 381) qu'il n'y avait pas d'unité dans la compétence des cours : « A Paris comme à Lyon, les faux monnayeurs étaient jugés par la Cour des monnaies qui siégeait dans chacune de ces villes. S'agissait-il d'autres provinces, l'intendant ou un lieutenant criminel jugeait sans appel. »

Saint Etienne Savoyart, tous hôtes du faubourg de Sauveterre, Pedro Lacroix, Larrieu tisserand à Barraute, Saint Jean valet de chambre du baron d'Uhart (1), Arretche d'Ascarat, André chirurgien et Guichemerre de Lannes, Gabriel et Chinina de Lohitzun, Cheverry chirurgien d'Arbérats, Bertrand d'Etcheto de Saint-Jean-Pied-de-Port, Pierre de Pedezert chirurgien, Sallezert, Bellocq abbé Devos (2) en Basse-Navarre, Loustalet de Vielleségure, Laborde de Bastanès et le nommé Mathos, marchand de Beyrie, seraient pris au corps et envoyé aux prisons royaux de Dax. En conséquence de cet arrêt Laborde fut appliqué à la question, pendu et étranglé.

Toutes recherches demeurèrent vaines en Béarn pour atteindre les fugitifs. Le 18 mars le parlement prononçait l'arrêt suivant :

Vu par la Cour le procès extraordinairement instruit à la requête du procureur général du Roi contre Antoine et autre Antoine de Marque, oncle et neveu, prêtres et prébendiers de l'église S. Pierre d'Orthez, Pierre de Peyraube dit Haurou, Bernard Pitras chaudronnier, François Boy dit Monyou et Jean Duplaà, forgerons del adite ville, et Bernard Maracle, accusés par le procureur général de fabrication et exposition de fausse monnaie, la procédure de recherche et information faite par M. de Candau Péborde, conseiller, les 5, 6, 7, 8 et jusques au 15 octobre 1708 en vertu de l'arrêt de la Cour du 3 dud. mois ; les procès-verbaux d'arrestation desd. de Marque, Peyraube, Pitras et Monyou et leur traduction dans la conciergerie de la Cour ; procédure ou inventaire fait par les jurats d'Orthez le 9 dud. mois ; autre procédure par eux faite contre Jacques et Jean Peyret, Labat, Coustet, Laborde, Lamothe et Lagardere cadet sur le refus par eux fait d'obéir à leurs ordres, les décrets d'ajournement contre eux lâchés ; autre procédure de scellé faite par lesd. jurats de la maison desd. de Marque le 10 dud. mois ; l'inventaire fait par M. de Salles des outils et ferrements remis

(1) Avec sa coutumière obligeance M. de Jaurgain me fait savoir que Clément d'Uhart, chevalier, était à cette époque baron d'Uhart et de Sorhapuru. Il avait épousé, le 6 février 1680, Louise de Mont-Réal-Moneins, appelée Mlle de Barcus, et fit son testament le 27 février 1716.

(2) Serait-ce Escos qui se trouvait en Basse-Navarre ? Mais il n'y avait pas d'abbé de ce nom et M. de Jaurgain n'en connaît pas plus que moi. Impossible de songer au village d'Arros, commune de Larceveau, qui ne possédait, m'écrit M. de Jaurgain, ni abbaye ni abbaye laïque. Il y a évidemment ici erreur de transcription.

au greffe de la cour ; ordonnance portant que le procureur général dira conclusions par luy baillées, l'arrêt du 16 dud. mois portant que lesd. de Marque, Peyraube, Pitras et Monyou seront écroués et l'écrou à eux signifié et que par led. sieur de Salles il sera procédé à leurs interrogatoires, et autre comme par led. arrest les interrogatoires par eux pretés les 18, 19 et 20 dud. mois en main dud. s^r de Salles ; requete desd. Boy, Pitras et Peyraube, l'appointement portant qu'elle sera montrée au procureur général ; les conclusions par luy baillées le 20 dud. mois ; l'arrêt dud. jour portant qu'il sera procédé par récolemens et confrontations contre lesd. de Marque, Boy, Pitras et Peyraube et autrement par led. arrêt ; requêtes desd. Peyraube et Pitras ; la procédure du 22 dud. mois sur les recherches faites par les jurats d'Orthez dans la maison desd. de Marque ; l'arret du 25 dud. mois portant quelle sera jointe au procès et que lesd. de Marque seront interrogés de nouveau et que les outils et pièces énoncés aux scellés leur seront représentés et autrement comme par led. arrêt les interrogatoires par eux de nouveau prêtés en mains dud. s^r de Salles, la procédure de recherche faite par M. de Candau dans les maisons de Moussoué de Lagor et Larrieu de Berraute, autre procédure de répétition des jurats d'Orthez, ensemble la continuation d'information faite par led. s^r commissaire, et procédure des jurats, au sujet de l'ouverture de la porte de la maison desd. de Marque ; procédures de récolemens et confrontations des témoins, les interrogatoires prêtés par Isaac Laborde et Pierre Lamothe ou des refusans ; l'ordonnance portant que le procureur general dira conclusions par luy baillées le 22 nopembre 1708, l'arrêt dud. jour et ordonné conformément aux conclusions, les interrogatoires pretés par lesd. de Marque, sur les nouvelles charges, l'interrogatoire prêté par Daniel Labat autre refusant, les interrogatoires prêtés par lesd. de Moussou et Maracle accusés de la fausse monnaie et détenus dans la conciergerie de la Cour, autre interrogatoire prêté sur les nouvelles charges par Marque neveu, requête desd. Pitras, Peyraube et Monyou avec une autre y jointe ; l'appointement portant qu'elle sera montrée au procureur général ; conclusions par lui baillées le 19 dud. mois ; l'arrêt dud. jour et ordonné conformément aux conclusions ; autre cahier de récolement et confrontations contre led. Maracle ; requete desd. de Marque oncle et neveu en cassation de la procédue faite par lesd. jurats d'Orthez ; ce faisant les mettre hors de cour sur lad. accusation, la Cour ordonne qu'elle sera jointe au procès et communiquée au procureur général ; la continuation de récolemens et confrontations de temoins, information et procédures sur bris de prisons des. de Marque, Maracle et autre, requeste desd. de Peyraube, Pitras et Monyou, la sentence de M. de Labourt, conseiller, vicaire général de M. l'évêque d'Ax rendue contre led. de Marque, ordonnance portant que le procès sera porté au procureur général conclusions par luy baillées, les interrogatoires prêtés derrière le bureau en la chambre du Conseil par lesd. de Peyraube, Pitras et Monyou, conclusions dud. procureur général à la vue d'iceluy et oui le rapport du sieur Saint-Macary, conseiller et doyen, les actes dud. procès et le tout veu DIT A ÉTÉ QUE LA COUR sans s'arrêter à la requête en cassation présentée par led. de Marque oncle et neveu de la procédure des jurats d'Orthez des 22 et 23 octobre dernier, a déclaré et déclare la contumace bien instruite à l'encontre desd. de Marque et contre Bernard Maracle et adjugeant le profit d'icelle a déclaré et déclare, savoir lesd. de Marque duement atteints et convaincus d'avoir fait et fabriqué des espèces de fausse monnaie mentionnées au procès, pour réparation de quoi il les a condamnés et condamne à être pendus et étranglés jusqu'à ce que mort s'ensuive par l'exécuteur de la haute justice à une potence qui, pour cet effet, sera dressée à la place publique d'Orthez (1) et, ce fait, leurs corps seront brûlés et les cendres jetées au vent : et sera le présent arrêt exécuté par effigie en un tableau qui sera attaché à ladite potence par l'exécuteur de la haute justice et ledit Maracle atteint et convaincu de l'exposition des espèces de fausse monnaie et autres cas mentionnés au procès, pour réparations dsquels l'a condamné et condamne à servir de forçat dans les galères du roi à perpétuité ; et sera pareillement le présent arrêt dans un tableau attaché par l'exécuteur de la haute justice à une potence qui, pour cet effet, sera plantée en la place accoutumée de la présente ville et a condamné et condamne solidairement lesd. Marque et de Maracle en 3.000 livres d'amende envers le Roi, ordonne que les pièces fausses marquées et non marquées, fiole, livre, outils, ferremens, chasis, creuset, pots et autres choses mentionnées dans les procédures resteront au greffe de la Cour pour y avoir recours quand besoin sera et dont le greffe demeurera responsable ; au surplus que les décrets de prise de corps lâchés contre le nommé Jean Duplaà, forgeron d'Orthez, et Jeanne de Comet de Balansun, servante desd. de Marque, seront exécutés à la diligence du procureur général du Roi, sinon et après perquisition faite de leurs personnes seront assignées à comparoir à quinzaine et par un seul cri public, à la quinzaine suivante, leurs biens saisis et annotés et à iceux établi commissaires pour, ce fait et le tout rapporté, être fait droit ainsi qu'il appartiendra ; et que lesd. Dufau, surnommés Carpanté seront pris au corps et conduits aux prisons de la Cour pour être ouis et interrogés sur les faits remuans des délis, charges et informations et autres sur lesquels le procureur général du roi voudra les faire

(1) Au Marcadieu ou marché.

ouir ; faute de ce, sera procédé contre eux par défaut et contumace ; et faisant droit du procès-verbal des maire et jurat d'Orthez a condamné et condamne les nommés Labat, Coustet, Lamothe et Lagardère pour le refus par eux fait d'obéir à leurs ordres solidairement en deux lois majoures (1) envers le Roi et leur fait défenses de récidives à peine de punition exemplaire et, moyennant ce, lève les décrets lachés contre lesd. Lagardère et Coustet et avant faire droit des preuves résultant desdites informations contre lesd. Pierre Peyraube surnommé Haurou et led. Moussou de Lagor, a ordonné et ordonne que l'information sera continuée dans le mois à la diligence du procureur général du Roi par toutes voies dues et raisonnables, même par censures ecclésiastiques et cependant que led. de Peyraube sera élargi à sa caution juratoire de se représenter à toutes assignations quand il sera par la Cour ordonné, à peine de conviction. Et à l'égard de Bernard Pitras et de François Duboy, forgeron d'Orthez, la Cour les a renvoyés et renvoie absous de l'accusation à eux imposée et, en conséquence, ordonne qu'ils seront élargis et mis hors de prison, à ce faire le geôlier contraint par corps, ce faisant il en demeurera bien et valablement déchargé et sera l'écrou d'emprisonnement des personnes desdits Duboy et Pitras rayé et biffé et mention faite du présent arrêt en marge d'iceluy. Condamne lesdits de Marque et de Maracé aux dépens du procès, ceux contre lesdits Dupla, Jeanne de Comet, Dufau Carpenté, Moussou et Peyraube demeurant réservés. Prononcé à Pau en parlement le 18 mars 1709. Collationné gratis pour le Roi. Signé : Palette pour le greffier (2).

Cet arrêt était intéressant à reproduire en ce qu'il nous fournit aussi des renseignements sur certaines poursuites connexes au crime principal qui ne nous sont pas connues. Le lendemain du prononcé le premier président s'empressait d'informer le Contrôleur :

« Nous avons jugé l'affaire des prêtres d'Orthez qui ont été condamnés à mort par défaut ; il nous a paru par la procédure que ces malheureux avaient bonne envie de travailler, par la provision qu'ils avaient faite d'une partie des ustensiles nécessaires,

(1) La loi majeure représentait d'abord 66 sols morlàas. A l'époque qui nous occupe elle équivalait à 7 livres 8 sols 6 deniers, comptant 9 liards par sol morlàas. Cela résulte de divers textes comparés. (Cfr. BÈLA. *Loc. cit.*, pp. 324, 551).

(2) *Titres de famille.*

mais il n'y a pas eu de preuve de l'exposition de leur monnaie que par deux louis d'or ; encore étaient-ils de si mauvaise mine qu'ils étaient d'abord reconnus et qu'ils les reprenaient ce qui nous a fait juger, Monsieur, que le mal n'avait pas encore été fort grand, mais il aurait pu le devenir. Le voilà arrêté, Dieu merci, car outre qu'ils sont passés en Espagne, où l'on dit qu'ils sont dans un hopital en Aragon, deux ou trois hommes qui auraient pu se trouver embarrassés avec eux sont aussi fugitifs et il n'y a pas apparence que ni les uns ni les autres reviennent. »

Devant tant de sérénité la réponse fut simple, contenant un blâme implicite : un exemple était nécessaire, il eût mieux valu ne pas laisser échapper l'occasion de le donner (1).

Cependant Saint-Macary ne désarme pas. Le sommaire d'une de ses lettres égarées porte qu'à la suite de l'arrêt les magistrat n'apportent pas grand zèle à donner une suite à cette affaire. On eût pu, à son avis, en retirer 200.000 livres ; comment ? c'est ce qu'il nous faut ignorer. Ces prêtres donnaient retraite aux faux monnayeurs de la région moyennant rétribution. La procédure a traîné en longueur dans le seul but de leur permettre de fuir. Il conviendrait donc de hâter l'exécution de la sentence, car les biens répondent suffisamment des frais exposés. Mais voilà ! On ne pardonne point au subdélégué d'avoir découvert le crime et la jalousie à son encontre se manifeste sous des formes diverses.

Le 6 juillet le doyen communique une lettre de Joseph Lespès de Hureaux (2), lieutenant civil et criminel de Bayonne, que sa qualité de « commissaire du Roy pour le règlement des limites de France et d'Espagne » mettrait à même, on l'espérait, de procurer des renseignements sur les fugitifs. Casalis, subdélégué d'Orthez, mande, le 20, que les prébendiers ont été arrêtés, le mardi 16, à Bourlade (3) et con-

(1) Les Archives des Basses-Pyrénées, section judiciaire, démontrent que l'optimisme du Premier était feint. Cfr. 1713-5, B 5361 ; 1741-2, B 5384 ; 1742-3, B 5385 ; 1745, B 5387 ; 1746, B 5388 ; 1746-7, B 5389 ; 1747-8, B 5390 ; 1748, B 5391 ; 1750, B 5394, etc., etc. Ces dossiers ont trait à la fausse monnaie.

(2) Sur de Hureaux, cfr. DAGUERRE. *Une ancienne famille de Bayonne (Les Lespès de Hureaux)*, dans *Etudes historiques et religieuses du diocèse de Bayonne*, t. VI (1897), p. 73.

(3) Burlada, bourg de la commune de Egues, merindad de Sanguesa, province de Navarre, archiprêtré et évêché de Pampelune. *(Diccionario geografico-historico de Espana.* Madrid, Ibarra, 1874. in-4°, t. I, p. 180). Il est situé à trois kilomètres de Pampelune et possède des eaux thermales.

duits avec leur servante de la rue Bourg-Vieux à Pampelune où un marchand de la ville les a rencontrés marchant sous la conduite d'archers. L'alcade du bourg haut navarrais les aurait surpris, toujours incorrigibles, fabricant pour les Bourbons d'Espagne la monnaie d'un titre vicié que s'obtinaient à refuser les Bourbons de France. Par lettre du même jour, datée ponctuellement de deux heures, le zélé Lichigaray informait Saint-Macary qu'il avait obtenu tous renseignements de Poey, le marchand arrivé le matin de Pampelune, qui avait vu les Marque la veille de son départ. Ils travaillaient à un quart de lieue, sur le haut d'une maison de campagne, à fabriquer de la fausse monnaie ; les habitants du rez-de-chaussée les avaient dénoncés. Ils étaient en habits de cavaliers et, pour adoucir les autorités espagnoles, avaient demandé à reprendre leurs habits de prêtres « croyant d'être traités moins rigoureusement et d'avoir la prison destinée aux eclésiastiques », soit, à parler plus net, celle de l'officialité diocésaine. Mais ce fut sans succès. Le bruit avait même couru qu'ils étaient arrêtés à la demande du Contrôleur Général.

Le 23 juillet Saint-Macary écrit à son chef pour lui donner son opinion sur ce cas. L'Espagne retiendra assurément les prisonniers. Le Roi pourrait bien les réclamer parce qu'ils sont morts civilement en France et qu'ils sont entrés chez nos voisins à la suite d'un bris de prison, mais le parlement de Pampelune n'abandonne pas aisément sa prise et, de plus, il y a crime de fausse-monnaie commis en Haute Navarre. Peut-être pourrait-on les interroger sur leurs complices. Le doyen « a des habitudes (1) avec son collègue du conseil souverain de Pampelune » ; il pourrait les utiliser au service du Roi.

La réponse fut sage. Il n'y avait qu'à laisser juger les fugi-

---

(1) Habitude, dit TRÉVOUX, « signifie aussi connaissance, familiarité, accès, fréquentation. Cet homme a de bonnes habitudes à la cour, il y a grand crédit. Je n'ai pas grande habitude, grand accès en cette maison. » HATZFELD, DARMESTETER et THOMAS (*Dictionnaire général de la langue française*, Paris, Delagrave, t. II, p. 1217, v° *Habitude,* II, 3), reproduisent ce sens. Il y a lieu d'ajouter ici que ces rapports des deux doyens avaient pu se préciser à l'occasion des questions à traiter, quelques années avant, au sujet des nombreux passages de troupes de France en Espagne. Les archives du Ministère de la guerre conservent beaucoup de documents sur cette question.

tifs en Espagne, mais il serait bon de dire si leurs biens ont été saisis et vendus.

## IV

## Vente de la maison des Prébendiers. Formalités d'une prise de possession.

Noble Jean de Camgran, conseiller, vice-sénéchal de Béarn et Navarre, receveur des épices et amendes, contrôleur d'icelles, présentait le 4 mai 1714, requête au Parlement pour rappeler que l'arrêt de contumace rendu contre les prébendiers et Maracle les condamnait en 3.000 livres d'amende et aux dépens. La sentence avait été exécutée figurativement à Pau et à Orthez. Les cinq années pour purger la contumace s'étaient écoulées sans que comparussent les fugitifs ; la décision était donc devenue définitive. Les meubles avaient été vendus ; restaient les immeubles consistant en une maison et une tuilerie affermés. Il convenait de les liciter devant un notaire commis par la Cour. Il fut ainsi décidé et Maître Apestéguy (1) se vit désigné à ces fins. Les affiches furent apposées à Orthez et à Pau, à trois reprises de trois en trois jours.

Le 19 mai, Labastide, prêtre et prébendier de la confrérie

(1) Apesteguy ne figure pas sur la liste des notaires palois. Il était peut-être greffier ou commis-greffier du Parlement et, à ce titre, nanti du pouvoir d'exercer les fonctions notariales, soit comme titulaire de la charge, soit avec l'assentiment et le visa du premier président s'il était commis. Le jurisconsulte Maria dans son interprétation de la Rubrique X, des Notaires et secrétaires au Nouveau For, écrit : « Les greffiers en Béarn peuvent passer toutes sortes d'actes au défaut des notaires tabellions ; le For ne le dit pas expressément, mais il le suppose dans l'article 10 de cette rubrique, lorsqu'il dit que les Notaires apostoliques ne passeront aucun acte en matière profane, à moins qu'ils ne fussent greffiers des officiaux, marque évidente que ceux qui sont greffiers dans les cours temporelles peuvent à plus forte raison faire la fonction de notaires tabellions : aussi on ne la leur conteste pas. » Le Parlement avait bien ses notaires qui, en réalité, devaient, je crois, se confondre avec les greffiers ou leurs commis : tel me paraît être le cas d'un arrêt de la Cour des Comptes du 21 juillet 1662 (*Bulletin de la Société des Sciences... de Pau*, t. XXXV [1908], p. 179. L'édit de janvier 1754 créant 90 notaires en Béarn, constatait aussi que des commis et des préposés des fermes exerçaient ces fonctions.

Notre-Dame de Saint Pierre expose, dans un acte d'intervention au nom du corps dont il a reçu pouvoir, que les prébendiers possèdent le tènement du Boué, à la Chaussée de Saint-André, la maison et les biens de Pouilhan, à la Chaussée de la route de Dax (1), enchéris à la requête de feu Arnaud de Salinis, fermier de deux reliefs (2), qui n'avait d'autre droit sur eux que sa créance pour arrérages de ces reliefs. Syndic de la confrérie, Antoine de Marque oncle profita d'un voyage fait à Paris par l'abbé Dousse, curé et chef des sept prébendiers, pour persuader à ses collègues, en janvier 1702, que ces terres ne produisaient rien et qu'ils ne pourraient prétendre qu'un relief annuel de 17 l. 7 s. 3 d. Il fut passé contrat, le 21 janvier, mais c'était pur dol et le curé de Saint-Pierre partagea cet avis. Dans une procédure longue, peu intéressante à détailler sauf pour les hommes de loi à qui elle démontrerait les fertilités de la chicane en Béarn, on tenta de faire éliminer la demande des prébendiers qui finirent par obtenir gain de cause en rentrant dans leurs biens.

Après plusieurs mises aux enchères et surenchères Apesteguy prononçait l'adjudication définitive, le 15 mai 1715, de la maison de la rue Bourg-Vieux pour 1015 livres. Il allait en conférer l'investiture solennelle au nouvel acquéreur, le lendemain, dans le mode qui suit :

« Ledit jour, 16e mai 1715 moi, commissaire, me suis transporté avec lesd. sieurs de Camgran, Bordes, Batcave et témoins ci dessus nommés dans lad. maison de Marque, en la possession réelle, actuelle et corporelle de laquelle ai installé ledit de Batcave, de la basse-cour d'une place ou espace qui est au-devant de ladite maison, et d'un jardin, comme ayant été exposés en vente et restés audit de Batcave, dernier surenchérisseur, confrontés comme il a été remarqué dans les conditions des parties de devant à la rue publique, de l'un côté à la maison de Capdeville, de l'autre côté à la maison du sieur de Pinsun, jardin du sieur Ribeaux et par le derrière avec le fossé et muraille de la ville. Et en marque de ladite possession ai introduit ledit de Batcave

(1) Propriétés appartenant à Mme H. de Bertier et à Mlle Amélie Ide : cette dernière est tout proche de la ville, l'autre était sur le territoire de l'ancienne paroisse St-André de Rontun.

(2) Droit qu'en notre région le fief devait au seigneur dominant presque en toutes mutations et consistant en une année de revenu.

en ladite maison, luy ai fait fermer et ouvrir les portes, comme aussi sur ladite place, jardin et basse cour, sur lesquels je l'ai fait promener, jeter des cailloux, arracher des herbes et lui ai fait faire les autres actes requis et nécessaires en pareil cas, en sorte qu'il en a resté le véritable maître, avec défenses à toutes personnes de le troubler, à telles peines que de droit. Dont acte et rapport à la Cour et les sieurs de Camgran, Bordes, Renoir, Batcave et témoins susdits ont signé avec moi dit commissaire. Signés Camgran, Bordes, Renoir, Pierre Emery présent, Cambot présent, Batcave, Apesteguy notaire et commissaire » (1).

A propos de cette prise de possession nous nous garderons d'aborder ici une thèse de droit qui serait intéressante à développer, désirant nous borner à fournir quelques renseignements explicatifs. Fréquentes d'abord, ordinaires pour ainsi dire jusqu'à la fin du XVIe siècle, ces formalités disparaissent peut-être sous l'influence du droit romain dont le For et les coutumes s'imprègnent davantage dans ce siècle. Originairement le bayle (2) ou huissier, le jurat intervenaient à tous les actes translatifs de propriété pour conférer au nom du seigneur, la mise en possession réelle, effective, la tradition de l'objet vendu : un salaire leur était affecté par les usages. La collection des décisions de principe des avocats au Parlement de Pau, ou recueil de la Matricule, rappelle comment un créancier peut faire saisir et vendre les biens de son débiteur, procédure simplifiée qui était de la compétence des jurats de nos modestes villages, mais ajoute un certificat du 22 mai 1749 « 1° la possession civile des biens lui est donnée de suite [à l'acquéreur] par un jurat, laquelle possession n'est qu'un acte de formalité qui ne dépouille point le décrété [ou saisi]. Le decretiste [ou saisissant] s'il veut exécuter le décret, devant s'adresser au juge supérieur pour obtenir un commissaire pour le mettre en possession et déjeter le decreté. » Le jurat, en effet, donne seulement la possession civile : « 2° cette possesion n'attribue point la jouissance des

---

(1) *Titres de famille.*

(2) Le bayle était le sergent chargé d'exploiter et que le seigneur, ayant justice, pouvait désigner parmi ses soumis. Les Cahiers des griefs de 1789 enregistrent de nombreuses réclamations contre les vexations commises en ces choix. Le beguer était le sergent seul nanti du privilège d'exploiter pour les biens nobles.

biens et tout decretiste la prend ou par abandon de la part du débiteur décrété, ou par une seconde possession réelle que lui donne un commissaire nommé soit par les sénéchaux, soit par le Parlement. » Encore que ces mises en possession soient rares dans les actes du XVIIIe siècle, les avocats palois maintiennent les principes. Dans un autre certificat délibéré le 11 décembre 1752, ils déclarent ce qui suit : « il est ordonné que le décrétiste sera mis en possession réelle, actuelle et corporelle des dits biens décrétés, à l'assistance du beguer ou bayle et du notaire qui retient les actes du décret, par un jurat qui est commis à cet effet et en mains duquel la somme offerte est consignée et déposée judiciairement pour le capsoo (1) et le commissaire, — à l'assistance du bayle ou beguer et de deux témoins — se transporte sur les biens saisis et decretés et fait faire au décrétiste des actes de maître au moyen de quoi le décret est parfait et consommé. »

Gardons-nous de confondre les deux mots : investiture et mise en possession. Le premier suppose le concours du vendeur et de l'acquéreur, le second ne nécessite pas la présence du propriétaire du bien vendu.

Le Béarn était un pays de droit écrit. La Matricule, le Parlement, la Cour d'Appel sous l'empire du Code, l'ont proclamé, et, plus que leurs décisions, les faits, les mots trahissent l'influence de Rome. Or chez les Romains la vente « était le type des contrats consensuels » et « un passage de la loi des Wisigoths [appliquée dans notre région] n'exige une prestation effective pour lier les parties qu'au cas de vente verbale (V. 4, § 3). » (2). Les notaires béarnais se contentaient d'écrire la formule suivante ou une autre équivalente : « de la susdite terre vendue le sieur vendeur s'est dépouillé et en a investi l'acheteur par la tradition du présent contrat et lui en a promis la garantie, et ce pour valoir tradition réelle et corporelle. »

Nous nous trouvons donc ici en présence d'une transmis-

---

(1) *Capsoô (capisolitum)*, ou lods et ventes en France, droit dû à la mutation de propriété. Le 30 janvier 1783 les Etats discutent longuement la question du capsoô que certains seigneurs particuliers s'arrogent. (*Arch. nat.*, H. 87).

(2) ESMEIN. *Étude sur les contrats dans le très ancien droit français.* Paris, Larose, 1883, in-8°, pp. 11 et 16.

sion de propriété par inféodation. Cherchons donc brièvement quelle en peut être l'origine.

Blakstone nous explique qu'en Angleterre « la mise en saisine est nécessaire d'après la loi commune pour que toute concession d'une propriété de franc tènement ou héritage corporels, soit transmissible par succession, soit à vie seulement. » (1) Cette délivrance s'opérait anciennement devant les pairs des francs tenanciers du voisinage qui attestaient la délivrance en marge ou au revers de l'acte, conformément aux règles du droit féodal. Cette pratique s'inspirait de l'ancien droit germanique lequel évolua à l'inverse du droit romain. Tandis, en effet, que celui-ci simplifiait les traditions, *longo manu, solo animo*, constitut possessoire, abolissait les formalités figuratives, le droit germanique exigea la nécessité de la translation corporelle. C'est lui qui fut appliqué de l'autre côté de la Manche.

Il ne saurait paraître téméraire de penser que par pénétration, par infiltration, pendant un long voisinage en Gascogne, les Anglais glissèrent dans nos usages une pratique qui avait pour heureux résultat la constatation réelle et irrévocable du contrat (2).

Mais, objectera-t-on, ces solennités s'étaient affaiblies, étaient devenues rares ? Pourquoi alors l'employer, tout exceptionnellement dans le cas qui nous occupe ?

Il n'est pas difficile de répondre. Le droit romain, depuis le XVIe siècle, était devenu de plus en plus prépondérant, et avec lui plus de formalisme. Mais ici on se trouvait en présence de circonstances exceptionnelles. Autrefois, comme aujourd'hui encore en cas de vente forcée, on peut se demander qui est le vendeur ? Il est délicat de le décider et les jurisconsultes de notre époque discutent abondamment ce

---

(1) *Commentaire sur les lois anglaises,* avec les notes de M. Ed. CHRISTIAN, traduit de l'Anglais sur la 15e édition par MM. CHOUPRÉ. Paris, Bossange, 1822-28, t. III, p. 198.

(2) L'esprit conservateur et sagement progressif des Anglais a trouvé le moyen de tourner la règle ancienne en la conservant. Le vendeur consent un bail d'un an à celui qui désire acheter un immeuble et est en mesure, dès lors, d'acquérir la possession féodale, la propriété sans *livrery of sesin* préalable. Le bailleur lui fait abandon *(release)* de son droit legal par *deed* transférant le tènement aussi bien que l'eût pu faire l'investiture. LEHR. *Éléments de droit civil anglais,* Paris, Larose et Tanin, 1906, in-8°, 2e éd., t. I, n° 371, p. 263-4.

point ardu de droit. Pas le débiteur assurément, c'est contre lui qu'on agit ; encore moins le créancier. Le jugement ne pouvait être un mode d'acquisition, réel, transférant la saisine (1), car un jugement constate, déclare un droit préexistant, il ne le crée pas. L'investiture symbolique seule donnait la saisine.

Il fallait, de plus, marquer d'un trait réel, vigoureux, la qualité du nouveau propriétaire, contre lequel seulement et à compter de cette date, courront les prescriptions et les actions. Il fallait, en somme, désinvestir solennellement des contumax, désormais sans droit ni recours, pour investir le propriétaire, leur successeur et lui assurer une incommutable propriété.

Voilà, en raccourci, la cause de cette procédure en Béarn, rare après y avoir été fort commune.

Le jeudi 14 mai 1716, Antoine Batcave obtenait de la Cour un arrêt homologuant la vente et lui permettant de consigner le prix de la maison et du jardin pour sa valable décharge, à l'encontre de Marie de Marque, autorisée de Jean de Pruer, son mari, de Lons, du sieur de Camgran, de la demoiselle de Carsusan (2) et de Naude, orthéziens. Le 19 mai, Dussu, receveur des consignations, constatait avoir reçu la somme consignée « en écus à la nouvelle marque ». Dès lors l'affaire était close ; il ne restait qu'à opérer la juste attribution des deniers.

---

(1) Terme de palais signifiant la possession en laquelle un vendeur met l'acquéreur d'un héritage.

(2) Jeanne de Carsusan, fille de David de Carsusan, dont nous avons parlé plus haut, et de Catherine de Nolibos, née le 4 avril 1669. Elle agissait comme héritière de son père mort avant le 25 septembre 1709. (*Arch. mun.*, Etat-civil protestant d'Orthez).

# V

## Contestation sur l'attribution de la prébende.

Qu'allait devenir la prébende détenue par Marque à l'église Saint-Pierre ? Avant de l'expliquer, il est apparemment utile de dire quel était le dernier état de l'ancienne jurisprudence sur cette question.

Guyot (1) se demande ce que devenait le bénéfice vacant, par suite de crime, dans les cinq ans de la contumace. Doit-il rester vacant et confié à l'administration d'un desservant, ou bien le collateur peut-il en disposer dès l'instant de l'exécution ?

A l'appui de la première opinion on invoque divers articles de la célèbre ordonnance criminelle de 1670, qui a servi de modèle à la partie de notre Code d'instruction criminelle consacrée à l'instruction préparatoire, § *Défauts et contumaces*, articles 18, 26, 28, 31. Le condamné peut se représenter ; la mort civile n'étant encourue qu'au bout de cinq ans, la propriété de ses biens lui est conservée par l'article 31. Richer, dans son *Traité de la mort civile* (1755) se prononce nettement en ce sens. Dans une espèce semblable, l'évêque de Châlons avait pourvu à un bénéfice, à raison de la mort civile encourue par le bénéficiaire. Le curé banni obtint des lettres de révision (2) cinq à six ans après et prétendit être en droit de reprendre son bénéfice simple. En vain lui allègue-t-on la possession triennale ; la Grand Chambre du Parlement de Paris, par arrêt du 22 août 1749, le remit en possession.

---

(1) *Répertoire universel et raisonné de jurisprudence civile, criminelle, canonique et bénéficiaire*. Paris. Visse, 1784, in-4°, t. II, v° *Bénéfice*, p. 288.

(2) Lettres par lesquelles le roi, au cours des poursuites et avant jugement, fait grâce à un ou plusieurs accusés de crime. Ces lettres remplissent à elles seules, depuis le milieu du XIV$^e$ siècle, les registres du Trésor des Chartes, dit Giry, *Manuel de Diplomatique*. Paris, Hachette, 1894, in-8°, p. 779.

Le Parlement de Bordeaux eut à statuer sur le cas du curé de Saint-Vincent-de-Paul, condamné pour crime emportant la mort civile. Romain de Sèze « jurisconsulte qui fait l'admiration d'un des premiers barreaux du royaume » plaida la thèse contraire de celle que soutenait Richer en invoquant les arguments suivants :

« Mais ces dispositions ne peuvent s'appliquer à des bénéfices dont la loi elle-même ne parle pas, et qui n'ont rien de commun avec les biens profanes. Dès qu'il y a une sentence qui prononce, par une clause expresse, la privation du bénéfice, il faut que cette sentence ait son exécution, jusqu'à ce qu'elle ait été réformée par le juge supérieur, ou anéantie par la représentation de l'accusé contumax. La vacance prononcée du bénéfice, met le collateur dans l'indispensable nécessité d'y pourvoir : car l'Eglise veut qu'aucun bénéfice ne reste sans titulaire et l'on sait que la dévolution n'a été imaginée que pour exciter l'activité des collateurs en punissant leur négligence.

« Ce n'est donc point pour un bénéfice qui a été déclaré vacant qu'on peut attendre que les cinq ans de la contumax soient expirés. Ce serait blesser les intérêts les plus essentiels ; ce serait aller contre le vœu de l'église, que d'attendre l'expiration de ce terme : mais disons plus, ce serait une contradiction véritablement abusive, que le juge d'église déclarât un bénéfice vacant, et que le collateur ne s'occupât pas d'y pourvoir » (1).

De Sèze formulait ensuite une concession sage : si le condamné revient on lui restitue son bénéfice.

Il est bon de remarquer que, dans les espèces citées, il s'agit d'un bénéfice-cure, c'est-à-dire comportant des offices nécessaires au culte, tandis qu'une prébende n'est fondée que pour honorer l'âme de son fondateur et de sa famille. Il pouvait paraître singulièrement abusif, disons-le en passant, de voir des curés de Bellocq, Biron, Castétarbe, Noarrieu et autres lieux occuper en même temps que leur cure une prébende de Saint-Pierre où il leur était impossible de remplir les vœux des fondateurs (2).

(1) *Causes célèbres*. Paris, 1777, t. XXX. Guyot a d'ailleurs abondamment utilisé ce compte-rendu.

(2) Ces curés étaient déjà pourvus de bénéfices-cures les astreignant à la résidence : d'où, lit-on dans une délibération du 25 juin 1692, « le service divin est tellement ralenti qu'il n'y a presque aucun prébendier au chœur. » (*Arch. mun.* BB 10, f° 33) ; ceux qui sont présents bénéficient de l'absence des autres.

Au cas d'une vacance telle que celle dont nous nous occupons, le collateur était en droit de disposer de la prébende. « On peut, dit Guyot, même s'adresser au pape, et en exprimant le genre de la vacance, obtenir des provisions en cour de Rome. Quand la vacance a duré si longtemps que le droit de conférer a passé du collateur ordinaire à ses supérieurs, et même au pape suivant les degrés de la collation, on peut l'exposer dans la supplique et dès lors sur cette espèce de vacance qu'on appelle *certo modo*, on insère dans la signature la clause que le bénéfice a vaqué si longtemps que la disposition en est peut-être dévolue au Saint-Siège. »

Après cet exposé venons à notre cas.

Les prébendes étaient à la collation de l'évêque de Dax qui avait juridiction spirituelle sur Orthez et le pays de la rive droite du gave en aval. Avant que la Cour eut prononcé sur l'accusation portée contre les Marque, l'évêque de Dax avait pourvu de la prébende, en mars 1709, soit après leur fuite, l'abbé Formalaguer (1). Aussitôt l'arrêt prononcé, l'abbé Laborde, d'Oloron, demanda au Pape cette prébende comme détenue injustement par Marque, coupable de faux, mais en négligeant de mentionner le nom du nouveau titulaire déjà mis en possession. Ayant reçu ses provisions de la cour pontificale, Laborde prend possession de la prébende à son tour et présente requête au Parlement pour y être maintenu. Formalaguer étant décédé sur ces entrefaites l'évêque avait pourvu, à sa place, l'abbé Brunet.

Les avocats des parties soutinrent : pour Laborde, 1° que le crime de fausse monnaie ne fait point vaquer un bénéfice de plein droit ; 2° qu'en conséquence la collation ordonnée par l'évêque, avant l'arrêt de condamnation, était nulle, car il aurait disposé du bénéfice d'un homme vivant. (Dumoulin, sur la règle *De infirmis resignant*, et Pastor liv. 3 c. 1). De cette nullité radicale de la collation, on inférait qu'il n'y avait point nécessité d'exposer au pape la possession de Formalaguer.

(1) Il appartenait à une famille bien connue dans le protestantisme, originaire de Loubieng, qui a fourni plusieurs pasteurs. Une branche habitait Orthez où elle possédait le fief de Bédorède qui, par mariage, passa aux Laugar.

Pour Brunet on répondait : 1° que le crime de fausse monnaie fait vaquer le bénéfice de plein droit et que l'évêque avait pu conférer le bénéfice avant l'arrêt de condamnation ; 2° que la provision de Laborde était subreptice en ce qu'il n'avait pas exposé encore une autre nullité prise de ce que lui, Laborde, n'avait pas fait *insinuer les capacités* (1) dans le temps prescrit par l'édit des insinuations de 1691 ; à quoi on alléguait que l'édit étant purement bursal il suffisait de demander l'insinuation avant que de produire ces capacités en justice.

La Cour, sous la présidence de d'Esquille, après plaidoiries de Bonnecase et de Dagest, bons avocats du barreau palois, rendit le 17 mars 1712, un arrêt maintenant l'abbé Laborde en possession de la prébende (2).

---

Peut-être trouvera-t-on que je me suis trop attardé, comme disait Cicéron en un vers dont il est vraisemblablement l'auteur (3)

*In montes patrios et ad incunabula nostra*

que j'ai trop aimé à rechercher l'âme des choses ? Le faisant, je pensais à un passage charmant de ce fin lettré que fut X. Doudan, lorsqu'il écrivait : « Puisque nous sommes dans un renouvellement de zèle pour les croyances surnaturelles, je pourrais bien m'aviser de croire aux pénates. Je me persuaderais volontiers ce que croyaient des gens qui avaient autant d'esprit et de hardiesse d'esprit que nous. Je croirais volontiers qu'il est des génies invisibles de chaque demeu-

(1) « On dit au Palais que le premier appointement en matière bénéficiale, c'est de se communiquer les titres et *capacités* des parties, qui sont : l'extrait baptistaire, la tonsure, les démissoires, la provision du bénéfice, et la prise de possession ; et quelquefois les grades, indults, ou autres privilèges ; ces choses étant ce qui donne la *capacité* pour les bénéfices. » (TRÉVOUX).

(2) *Recueil manuscrit de M. de Latourette, avocat au Parlement*, v° *Bénéfice*. Pourquoi faut-il que nous ayons à regretter la perte des archives de l'église Saint-Pierre, des prébendiers et de l'officialité de Dax au port et détroit d'Orthez. Que de renseignements nous manquent !

(3) Lettres à Atticus, II, 15.

re, qui regardent le maître du logis et qui lui sourient quand il rentre chez lui. Ils ont gardé le souvenir de tous ceux qui ont habité ces chambres ; ils vous diraient, s'ils voulaient parler, mille détails oubliés ; il n'y a pas un vieux domestique dont ils ne se souviennent. Ils savent de la cave au grenier, à quelle heure un rayon de soleil entre dans tel lieu obscur. Je crois qu'ils lisent vos livres, quand vous n'y êtes pas. N'avez-vous pas remarqué que lorsqu'on entre dans un appartement inhabité, quelqu'un a l'air de s'en aller furtivement à votre approche ? L'homme a du plaisir à retrouver les esprits bienveillants et silencieux (1). »

On m'excusera aussi, je me plais à le souhaiter, de ne pas l'avoir fait sous la forme d'un travail d'érudition pure et d'avoir peut-être altéré l'austérité de ces recherches en essayant de les mettre à la portée de chacun. Auteurs de travaux qui ne sauraient guère avoir l'oreille du public nous réussirons, j'imagine, auprès des curieux du passé dont le nombre s'accroît, en dépouillant et brisant la noix pour n'offrir que le fruit, réservant par devers nous, les débris, les coquilles, c'est-à-dire la peine et l'effort.

L. Batcave.

Les photographies et les dessins reproduits dans la présente étude restent la propriété de l'auteur. Il a trouvé pour exécuter les dessins le concours d'une amitié précieuse et d'une douce intimité dont les pudeurs s'effaroucheraient s'il leur était donné autre chose que cette simple mention. C'est, à la vérité, le moins qui se puisse faire.

*Erratum.* — Une erreur d'impression m'a fait écrire p. 10 de la *Revue* et p. 4 du tirage à part, que 11 empans équivalaient à 13 mètres. J'ai eu l'occasion d'expliquer d'autres fois que l'empan représentant environ $0^{m}232$, 11 empans donnent donc $2^{m}552$. La phrase est à restituer ainsi : « En 1536, cet espace, à Orthez, était de 11 pams soit $2^{m}552$, mais les maisons étaient bâties à 13 mètres en arrière du rempart. » J'ai pris divers points de repère ; il y avait des jardins derrière les maisons.

(1) *Mélanges et Lettres.* Paris, Michel Lévy, 1876, in-8°, t. II, p. 368, lettre du 26 août 1862 à M. Piscatory.

www.ingramcontent.com/pod-product-compliance
Ingram Content Group UK Ltd.
Pitfield, Milton Keynes, MK11 3LW, UK
UKHW020332250726
13967UKWH00005B/1993